NF文庫
ノンフィクション

陸自会計隊、本日も奮戦中！

桜

潮書房光人新社

プロローグ

部隊配属のため私達を乗せた新幹線は西へ西へと走る。同期や班長達との別れを惜しんで泣き尽くした私達。口数も少なく陽が暮れた真っ黒な車窓を眺めていた。

どんな部隊が私達を待ち受けているのだろう、今日からお世話になるＷＡＣ《ワック》（婦人自衛官。現在は女性自衛官と呼ぶ）隊舎はどんな所なのだろうと不安でいっぱいだったが、お弁当でお腹がいっぱいなるといつの間にか私達は熟睡してしまった。

そして気が付くともう新幹線は目的の駅に到着しようとしていた。半年前に私を送り出した見覚えのある駅である。さっきまで大都会の東京に居たのに、周りの人々から聞こえる言葉は聞きなれた方言だった。あぁ田舎に帰ってきたのだなと実感した。

そのまま新幹線の駅からＷＡＣ隊舎のある駐屯地の最寄り駅へと移動する。地元の同期が先導してくれて電車を乗り換えた。乗ったことのないＪＲの路線であった。短い車両のローカル線、単線の電車はすれ違う車両もなく、ゆっくりと走った。乗客はまばらで、停車する駅はどこも小さくて古い。乗り降りする人は少なく閑散としていて寂しい雰囲気であった。同期の誰も言葉を発しない。

しばらくして目的の駅に到着した。降り立った駅前には、商店のような小さなお店が一軒ある他は何もなく、大きな鋳物の赤いポストだけが目立っていた。早くに店じまいしたのであろう商店は真っ暗で、田舎の景色が広がっている。

すると同期が「アッ!」と大きな声を出した。何事かと思ったら、WAC隊舎に買ってきたお土産を新幹線の中に忘れてきてしまったという。

携帯電話もない時代、JRに問い合わせたとしてもお土産を取りに行く時間もない。

「しかたないよね……」と、暗く細い国道沿いの歩道をWAC隊舎のある駐屯地を目指してトボトボと歩き出す。もしかしたら途中にお店があるかもしれない、お店があったらそこで何か買おう。

しかし住宅地はなく、山の中ではないが人がいない景色が続く。もちろんお店なんてなくて、悲しいくらいに寂しい田舎町であった。大きなボストンバッグを背負ったショートカットの女の子四人組は、辺りの雰囲気に馴染まず浮いている。

しばらく歩くと、また駅を通過した。近くに私鉄が走っていたのだ。私鉄の駅の近辺も大した発展はなく、コンビニのように小さなスーパーらしきお店と本屋があるくらいであった。だが当然のことのように、スーパーは早い時間に閉店していた。

踏み切りを渡り切ると、突然、駐屯地の営門が現われた。

「えっ……ここ?」

駅に隣接するような形で、こんな細い道沿いに駐屯地があるなんて……。

カバー・本文イラスト／藤沢　孝

陸自会計隊、本日も奮戦中！——目次

陸上自衛隊の職種

職種徽章	職種名・概要	職種徽章	職種名・概要
 標識色：赤	**普通科** 地上戦闘の骨幹として、機動力、火力、近接戦闘能力を有し、作戦に重要な役割を果たす	 標識色：緑	**武器科** 火器、車両、誘導武器、弾薬の補給・整備、不発弾の処理等を行なう
 標識色：だいだい	**機甲科** 戦車部隊の正確な火力、機動力及び装甲防護力により、敵を圧倒、偵察部隊が情報収集を行なう	 標識色：茶	**需品科** 糧食・燃料・需品器材や被服の補給、整備及び回収、給水、入浴洗濯等を行なう
 標識色：濃黄	**特科（野戦）** 火力戦闘部隊として大量の火力を随時随所に集中して、広域な地域を制圧する	 標識色：紫	**輸送科** 国際貢献等で民間輸送力による輸送やターミナル業務の輸送を統制、特大型車両で部隊輸送
 標識色：濃黄	**特科（高射）** 対空戦闘部隊として侵攻する航空機を要撃、広範囲にわたり対空情報活動を行なう	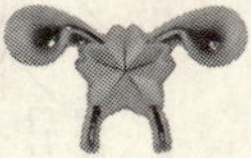 標識色：金茶	**化学科** 放射性物質などで汚染された地域を偵察し、汚染された人員・装備品等の除染を行なう
 標識色：水	**情報科** 情報資料の収集・処理及び地図・航空写真の配布を行ない、各部隊の情報業務を支援	 標識色：藍	**警務科** 犯罪の捜査、警護、道路交通統制、犯罪の予防など部内の秩序維持に寄与する
 標識色：あさぎ	**航空科** ヘリ火力戦闘、航空偵察、空中機動物資の輸送、指揮連絡等を実施、広く地上部隊を支援	 標識色：藍	**会計科** 隊員の給与の支払いや部隊の必要とする物資の調達等の会計業務を行なう
 標識色：えび茶	**施設科** 各種施設器材をもって障害の構成・処理、陣地の構築、渡河等の作業を行なう	 標識色：濃緑	**衛生科** 患者の治療や医療施設への後送、隊員の健康管理、防疫及び衛生資材等の補給整備
 標識色：青	**通信科** 部隊間の通信確保、電子戦の主要な部門を担当、写真・映像の撮影処理等を行なう	 標識色：藍	**音楽科** 音楽演奏を通じて、隊員の士気を高揚

(2019年4月現在、陸上自衛隊HPをもとに作成)

陸自会計隊、本日も奮戦中！

陸上自衛隊の階級と階級章

幹部	将官		陸上幕僚長
幹部	将官		陸　将
幹部	将官		陸将補
幹部	佐官		1等陸佐
幹部	佐官	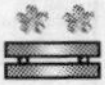	2等陸佐
幹部	佐官		3等陸佐
幹部	尉官		1等陸尉
幹部	尉官		2等陸尉
幹部	尉官		3等陸尉
准尉			准陸尉
曹士	曹		陸曹長
曹士	曹		1等陸曹
曹士	曹		2等陸曹
曹士	曹		3等陸曹
曹士	士		陸士長
曹士	士		1等陸士
曹士	士		2等陸士

第1章 ―本日配属！

白亜のＷＡＣ隊舎

駐屯地営門の警衛所で人事発令通知のコピーを見せて、本日配属となったことを伝え、緊張しながら通過した。ＷＡＣ隊舎への道順を聞いて暗い駐屯地内を進む。真っ暗な駐屯地は、奥行きがあってかなり広そうだが何も見えない。警衛所の坂道を下ると、ひときわ明るい建物が見えた。その建物は、この駐屯地に二つしかない生活隊舎であった。

一方はＷＡＣ隊舎で、道を挟んでもう一方は男子隊舎である。敷地の広さの割には営内者（自衛隊の中に住んでいる人）が少ない駐屯地であった。

ＷＡＣ隊舎は二階建の小さな白亜の建物。業務学校（現在は小平学校）のＷＡＣ隊舎よりもさらに小さかったが、芝生のある庭が隣接し、植え込みも綺麗に整備された美しい建物だった。明るくて大きな玄関、古いが隊舎の中も白で統一されており、土足厳禁の今まで見たこともないくらい手入れの行き届いた綺麗なＷＡＣ隊舎であった。

お土産のない新隊員到着。みんなで恐縮しながら当直さんにお土産を新幹線の中に忘れてきてしまったことを謝った。代表の者が業務学校の当直へ着隊の電話報告を入れる。初めて使う内線電話、黒い電話のダイヤルを回し、業務学校との電話はほどなく終わる。ほんとうにもう業務学校の学生ではなくなったのだと寂しい思いだった。そしてここでの新たな生活が始まるのだ。

まずは当直さんから割り当てられた部屋を伝えられた。業務学校から来た新隊員四名は、ＷＡＣ隊舎のある駐屯地の会計の部署への配属が二名と、別の駐屯地の会計隊への配属が二名の二組であった。

私は別の駐屯地の会計隊へ配属された通勤組であった。その四名は全て別々の部屋へと割り振られた。まさか全員別々になるとは思ってもおらず、当直室を出た途端、四名は涙を浮かべた。心細くてウルウルしながら「元気でね、また後で会おうね」と、同じ建物に住むにも関わらず今生の別れのようであった。

荷物を軽く整理した後には、新着の新隊員全員にＷＡＣ隊舎での着隊教育が行なわれるため、自習室に集合とのこと。またすぐに同期に会える、それだけが本日の唯一の救いであった。

部屋は陸士部屋。陸曹の先輩とは部屋が別である。恐る恐る部屋に入ると、そこは二段べッドがひしめき合った一〇人部屋であった。白くて美しい建物に、あの見覚えのあるボロボロの鉄製の自衛隊ベッドと緑の毛布、やっぱりここは自衛隊なのねと思った。先輩方に挨拶をして、ベッドへと案内される。そこは二段ベッドの上段、先輩と上下ペアであった。

ここが今日から私のスペース。縦長のグレーのロッカーも割り当てられ、私物入れのキャビネットやベッドの下へ入れるフットロッカーもある。よく見ると部屋には、ソファーセットや私物のテレビや冷蔵庫もあり、鏡がたくさん並んだピンクのドレッサーコーナーもあった。

ドレッサーコーナーにも新隊員のスペースが割り当てられたのが嬉しかった。早速私はドライヤーを置いた。教育隊の部屋とは違い、生活感がありとても充実している印象。しかし部屋には一番下の者がやるべき係仕事があり、朝はポットのお湯の準備や、週末には部屋の大掃除など忙しいようである。私達新隊員がソファーセットに腰を掛けることはなさそうだ。もちろんテレビのチャンネル権もなかった。

いい加減疲れ切り、ベッドの上で大の字になって転がりたい気分であったが、右も左もわからない場所で先輩隊員達に囲まれて、私は半泣きでベッドの上で小さくなっていた。ふと他のベッドを見回すと、同じような子があと二人いた。体のガッチリとした施設学校から配属された同期の新隊員であった。

その中の一人に見覚えがあった。確か、同じ都道府県出身の子である。都道府県の地方連絡部（現在は地方協力本部という）が入隊時に壮行会を行なって下さった際に話したことがあった。

朝霞の新隊員・前期教育では区隊が違い、職種も違ったことからずっと会っていなかったが、ここで再会したのだ。言葉を交わすことはなかったが、ベッド越しに目を合わせてニコッとした。「良かった〜、他にも同期がいた」と私は少し安心した。結局、部屋は一〇人中七人が先輩であった。部屋長は優しそうな美人の先輩で、私のベッドのペアの先輩は怖そうな人である。

管理陸曹の着隊教育

ほどなくして、自習室に新隊員が集められた。私達新隊員は、お揃いのジャージ姿で集合した。先輩方は可愛い部屋着にスリッパでとても素敵に感じた。別れた業務学校の同期ともまた会えた。私達は自然と笑顔になった。新隊員は、業務学校のほか、施設学校、輸送学校の同期がいた。総勢一一名。この一一名は三個の駐屯地に分かれて配属されており、皆、同じ境遇で心細い心境であった。着隊教育は、ＷＡＣ隊舎の管理陸曹と副管理陸曹で行なわれた。どちらもこのＷＡＣ隊舎で生活をしている先輩であった。

陸曹の部屋は、二階の突き当たりの陸曹室である。朝霞の婦人自衛官教育隊では、班長の部屋への入出は厳禁とされていた上、中を覗くことさえ禁止されていた。部屋の前で呼んで、ドアの前を避けて班長が出て来るのを待った。そのしきたりをこのＷＡＣ隊舎でも実施しており、陸曹室は「開かずの間」と呼ばれていた。

このＷＡＣ隊舎には陸曹が二名しかおらず、この二人が全ＷＡＣを仕切っていた。この地域だけだったのかもしれないが、この時代のＷＡＣ隊舎の管理陸曹の役割は、単に生活隊舎の建物管理だけではなかった。隊員はそれぞれの部隊の所属ではあるが、昔々、ＷＡＣ隊という部隊があったらしく、その名残りなのかＷＡＣの全てにおいて部隊よりもＷＡＣ隊舎の管理陸曹が大きな力を持っていた。

まだＷＡＣが少なかった時代、女性の自衛官は男性隊員から「ＷＡＣちゃん」と呼ばれ、部隊の一員というよりも、女性として広報活動に使われることも多かった。またＷＡＣというくくりで、ひとまとめに使われることも普通であった。

例えば記念日の行進等がその例である。部隊ではないのに部隊のようなＷＡＣの集団。ＷＡＣ隊舎の管理陸曹は、単に独身ＷＡＣの長であり、ほんとうは服務指導の責任があるわけではないが、実質的には服務指導の面を任されていた。そのため指導責任が重い分、力を持っており、躾も厳しかった。

一例としては、所属部隊が外出を許可してもＷＡＣ隊舎が却下したり、酷い場合は、部隊が営外（駐屯地の外）への居住を許可しても、ＷＡＣ隊舎の管理陸曹が許可せず営外に出られない事例もあった。その他には、月に一度行なわれるＷＡＣ隊舎の統一清掃があったり、全員参加の忘年会や、お化粧・お料理教室などの徳操教育も行なわれ、部隊は関係なくＷＡ

Cとして何かとまとまって活動していた。

部隊も部隊で、都合の良いときは「うちのWACだ」といい、服務指導については女性だからと持て余していた傾向が見られた。特に妊娠をした時などは、WAC隊舎の躾がなっていないと管理陸曹が責められることも多々あった。とにかく管理上の責任が曖昧な部分が多く、正に「大奥」だったのである。

いきなり爆弾炸裂！

管理陸曹は大変美しい人で、副管理陸曹はボーイッシュな人であった。一期先輩でも偉大に感じたのに、陸曹ともなれば神様のように思えた。

着隊教育は、隊舎内の共有スペースの説明から、掃除や点呼を含む時間的なものや、当直室への入り方や電話の受け方など、事細かなことまで教育された。共有スペースとして嬉しかったのは、WAC隊舎特有の「調理室」である。立派な食器棚が据え付けられ、大型の冷蔵庫にガスコンロや電子レンジ、鍋から包丁まで完備されていた。

食事は全て支給されるが、女性ということでお料理のための部屋があったのではないだろうか。WACは掃除・洗濯については各自で行なうが、食事は食堂で支給されるため、お料理が苦手な人が多い。結婚間近な頃になると、調理室で練習されている先輩を多く見た。

WAC隊舎には、それぞれのローカルルールがあり、私達は必死にそれを筆記した。覚えることはたくさんあるが、とにかく消灯までに、荷物の片付けと明日の通勤の準備をしなくちゃ。いよいよ明日は部隊に初めて出勤するのだ。朝は早くに出発だ、楽しみだけど緊張する。

着隊教育も終わり、自習室を出ようとしたその時、「シロハト二士だけ残って」と管理陸曹に呼び止められた。私？　何だろう……。全員が自習室を出てドアが閉まり静まり返った途端、管理陸曹と副管理陸曹は鬼のような形相になった。

何？　何？　私、何か失礼なことをしたのだろうか？

「ちょっと〜、シロハト二士、お父さんが自衛官だからっていい気になっているんじゃないわよ！」と、二人同時弾着、大きな爆弾が炸裂した。父は銃剣道で名を知られた有名人だったようである。

父は階級ではなく、皆から「シロハト先生」と呼ばれていた。そしてその娘が同じ駐屯地に配属となったことは、本人が着隊する前から噂になっていたようだ。

でも……私は今さっき着隊したばかりの新隊員。父の話など何もしていないのに。「明日から少しでも調子に乗っていたらどうなるか覚えておきなさいよ！」と釘を刺して、二人は自習室を出て行った。

私は固まったまま、勢いよく閉められたドアを呆然と見つめるだけだった。今まで班長に怒られたことはたくさんあったが、こんなのは初めてだ。いきなり洗礼を受けて怖くて悲しくて涙が出そうだった。部屋の先輩達や職場の方も同じことを思っているのだろうか？　でももうすぐ掃除と点呼の時間だ、早く部屋に戻らなきゃ。

その日、私だけ残された自習室で何があったのかは同期にも誰にも話せなかった。業務学校に帰りたいよ……班長、同期のみんな、お父さん、お母さん……。布団を目深にかぶって声を殺して泣いた。

私にはもう帰る場所はない。辞めようと思えばいつだって辞められる。今は耐えよう、だって立派な自衛官になりたいんだもの。

ちなみに後々、痛い思い出は笑い話となり、厳しかった先輩ほど大変可愛がってくれたのだった。

起床ラッパ前に通勤準備

いよいよ配属初日の朝を迎えた。起床は普段より早かった。配属となってからは電車での通勤があるため、早くに起きなければいけない。

教育隊の時は、いつも起床ラッパが鳴る五分前くらいまで寝ていて、みんなのゴソゴソで起きて、起床ラッパまでに洗面だけを済ませていたのに、起床ラッパが鳴る三〇分くらい前から起きて通勤準備が始まる。ただ大人数の相部屋であり、もちろん電車通勤しない者もふくまれるため、先輩方を起こさないように、朝の行動は静かにそろりそろりと隠密行動である。カーテンも明けず、電気はドレッサーの上の小さな蛍光灯を点けるだけ。暗闇での作業だ。

私服の着替えやバッグなどは、暗闇でもすぐにわかるように、いつも就寝前に枕元に左から順番に並べておいた。教育隊の時、銃の分解結合の授業で、「暗闇でも分解結合ができるように、左から並べるのよ。普通科の人達は暗闇でも普通に分解結合できるのよ」と聞かされており、凄いなぁと思っていた。

実際には、できる限りそのようなことはさせないようであるが、有事には明かりの使用が制限される状況下で、故障排除や武器手入れを行なわなければならない場合も想定される。分解結合ではないが、まさかその教えが通勤準備で役立つとは思ってもみなかった。男性には滅多にない状況だという。

起きてすぐに始めるのは、洗面でも着替えでもなくベッドメイキングであった。自分のベッドを綺麗に整理整頓しないと出発できない。毛布の端を揃えて大きい順に重ね、ベッドのシワをなくして、ベッドの毛布の角を立てる作業を朝から繰り広げる。

教育隊でも当たり前の作業であったが、忙しい朝には手抜きする時もあった。たまに班長による「台風」と呼ばれる点検で運悪く見つかることもあったが、新しいＷＡＣ隊舎での点検はその比ではなかった。先輩方は新隊員の一挙一動を注目しているのだ。少しでも怠ると当然のように呼び出しがあり、台風並に厳しいご指導をいただくのである。

この部屋の通勤者は、新隊員三名のみであった。ベッドの整理を終え、洗面を済ませ、私服に着替えて食事をしたら点呼である。私はまだお化粧もしていなかったが、お化粧をする先輩はさらに早く起きなければいけなかった。食事については通勤時間の関係で、WAC隊舎のある駐屯地でも会計隊のある駐屯地でも時間が合わない。

通勤者は携行食として、パンやおにぎり等を前日に受領し、翌朝食べるのであった。起床前に電子レンジを使うこともできず、毎朝、冷たいご飯であった。通勤者は食堂での温かいご飯に憧れ、通勤しない者は、朝からお化粧をして食堂に並ぶのが面倒で、私達の携行食を羨ましく思っていたそうである。

WACは起床ラッパで慌てて起きる姿はあまり見られない。本来であれば起床ラッパ以前に起き出してはいけないのだが、通勤者でなくとも、五分ほど前には起きて洗面等を済ませる者がほとんどであった。

その行動は教育隊の時代からのことであり、点呼時に寝ぼけてフラフラするWACは見受けられなかった。現在はどうかわからないが、それも男性隊員とは違うところである。

起床ラッパと共に隊舎内の明かりが灯され光溢れる瞬間が訪れる。廊下に集合し点呼を受ける。すでに点呼の時には完璧な通勤スタイルで、点呼が終わると同時に、さあ出発だ！

初めての電車通勤

通勤は職場毎である。それぞれの部隊の先任者に連れられて通勤組は出発する。まずは当直室での通勤の手続きである。通勤者には、通勤のために駐屯地を出入りする許可証が発行されており、それを常に携行した。そして当直室には、個々の隊員の動きを把握するために「動態板」と呼ばれる一覧があった。

当直に通勤の申告をし、先輩の分も動態表示を通勤の欄に移動する。簡単な作業ではあるが、当直室の入退室だけでも緊張するのに、先輩の名前の動態表示を探すのに時間を要し、時には誰かの分を動かし忘れたりとモタモタして時間がなくなり、駅まで猛ダッシュすることになる。

最近は生活隊舎を間仕切りしてWACの居住区画とされている建物が多いが、昔は駐屯地の片隅に独立したWAC隊舎がひっそりと建っているのがほとんどだった。その造りは、周りには建物がなく、メイン道路から外れて、花壇や芝生の庭が隣接し、隊舎入り口までは見通しの良い長い一本の取付道が伸びており、男性の侵入を阻止するかのような、ある意味お城のような造りであった。

そのルートでは通勤に時間がかかる。猛ダッシュの際には、通常の道を通らずに秘密の近道を利用した。WAC隊舎の側溝を横切り、桜の木の裏手のブロック塀を乗り越えて、側溝を渡り、獣道を行くのが警衛所までの一番の近道であった。

その秘密の抜け道は危険が伴うため使用禁止とされていたが、暗黙の了解で私も何度となく通った。当然のことながらブロック塀から落ちたり、側溝にはまったりした。側溝には水がなかったが、枯れ葉まみれとなり、顔や手を擦りむき、警衛所まで走って行ったら血が流れていて警衛の隊員に驚かれたこともあった。

それでもそんなことは気にしていられない、電車の時間が何より大切なのである。田舎の電車ダイヤ、一本逃したら大変なことになる。特別な事情がない場合は、出発時間を早めることはできない。点呼を受けてから出発しなければいけないので、朝は常に時間との戦いであった。

先輩二人に引率されて、新隊員二人は私鉄を乗り継いで約一時間の電車通勤を初めて経験した。利用したことのない路線であったが、途中で馴染みのある駅を通過し、遂に配属先の会計隊のある駐屯地の最寄り駅に到着した。駅からは駐屯地が見えた、すぐ近くなのだ。営門の通過要領を先輩から教えてもらって、第一の緊張の瞬間である。小さな頃に父に連れられて何度も来たことのある駐屯地。大きくなってまさか自分が自衛官となって営門をくぐる日が来るなんて。会計隊は、駐屯地を入ってすぐの、駐屯地司令のいらっしゃる本部隊舎の隅にあった。大きな綺麗な建物である。見上げた隊舎には、国旗が風になびいており、私達の到着を祝ってくれているような青空が広がっていたことを、昨日のように思い出す。

庶務係を言い渡される

最初に案内されたのは、更衣室であった。更衣室は会計隊のＷＡＣだけではなく、他の部隊のＷＡＣや女性事務官と共用の小さな一室であった。私達は縦型のロッカーと靴箱を一つずつ与えられ、持参した物を片付け、制服に身を包んだ。いよいよ会計隊デビューである。

カツカツと短靴を鳴らし廊下を歩いて行くと、会計隊の事務所に到着。本日、第二の緊張の瞬間。駐屯地の中では、駐屯地の会計隊、基地通信隊、調査隊（現在は情報保全隊）、警務隊は「諸隊」とひとまとめに呼ばれるほど、部隊としては他部隊に比べ遥かに小さかったが、配属された会計隊は諸隊の中では比較的規模が大きく、事務所も広くてとても綺麗な職場であった。

小平駐屯地の会計隊を見学した際に、あまりにも小さな事務所を見て衝撃を受け、覚悟をしてきたが、想像とは全く違う職場にとても嬉しく思った。何でも建ったばかりの新隊舎だったそうである。緊張しすぎて周りの会計隊員の反応は見ることができなかったが、皆に注目されているのがわかった。会計隊長は、他の地方の訛りのある優しい口調の定年前の方で、私にはおじいちゃんのように思えた。先任もバーコード頭のこれまた優しそうな人だった。

隊長への申告を終え、私は庶務係、同期は契約係を言い渡され、それぞれの職務に就くこととなった。私は、会計業務の係に就くとばかり思い込んでいたためガッカリとしてしまった。せっかく業務学校で会計業務を習ったのに、それを生かすことができずとても残念であった。

それでも私の机が準備されており、そっと引き出しを開けると真新しい文房具類が揃えられていて、「今日からこれが私の机かぁ」と自分の机があることに感動し、とても嬉しい気分になった。事務仕事をメインとした会計隊では当たり前のことではあるが、新隊員で係を持ち、机を与えられることは、会計科職種の特性といえるであろう。

まずは会計隊での朝礼に参加した。

会計隊長を長として、小さな集団は隊舎裏の通路で朝礼を行なう。国旗掲揚の後は普段は朝の駆け足タイムであるが、今日は私達新隊員の紹介行事であった。皆の前に出て簡単な自己紹介をした。緊張でガチガチである。無事に紹介行事を終え、こうして会計隊員として新しい生活が始まった。

オツカレサマ人形状態

数少ないWACの新隊員は、駐屯地のどこに行っても注目の的であった。

先輩には敬意を表して「お疲れ様です！」と挨拶をしなければいけない。屋外での場合は、「お疲れ様です」の声と共に挙手の敬礼をする。元気に挨拶をしなさいと教育隊時代から教わっていたため、「お疲れ様です！」と大きな声で挨拶をした。

「今年の新隊員は元気があって良いね」といわれる度に、きちんと挨拶できたとホッとした。中には優しく話しかけて下さる方もいた。幹部のWACの方や、女性の事務官や保険屋さんなどの駐屯地の数少ない女性陣である。今まで接してきた区隊長や班長達よりも遥かに年上で、私は慣れないおば様達との接触に何よりも緊張した。もちろん怖い人達ではないのだが、あれこれと質問される度にシドロモドロになり、その場を逃げ出したい気分であった。

WACに挨拶をされた隊員は皆、何だか嬉しそうである。もちろん必ず答礼して下さった。

顔見知りの人がいる訳でもなく、階級の見方もよくわからない私達。ジーッと見られると挨拶しなきゃと頑張る。

しかし、すれ違う人達全員が先輩である。とにかく、全ての人に必死に挨拶をしていたら、歩くたびに「お疲れ様です」の連呼であった。人が溢れる食堂の行き帰りなどは、いつ敬礼の挙手を下ろせば良いのかわからないほど挨拶は続く。ほんの少し外を歩いただけでヘロヘロになった。

自衛隊の礼式に関する訓令の第二章「敬礼」第二節「各個の敬礼」を簡単にまとめると、曹長以下の自衛官は、幹部自衛官及び准尉に対して敬礼を行なうのを例とする。そして、一等陸曹以下の自衛官は、同一の中隊等に勤務する上位者たる曹に対し敬礼を行なうものとすると定められている。

要するに他の部隊の陸曹・陸士には敬礼を

しなくて良いということである。しかし、そんなことをWACがしていたら無愛想だと言われる。敬礼の要否を判断する能力は新隊員にはまだ備わっておらず、事務所を出るのがいつも怖かった。先輩と一緒にいる時は良いが、一人でトイレに行く際には、「誰にも会いませんように」と祈ったものだ。

見かねた先輩WACが、「幹部の人と、おじさんぽい人だけでいいよ」とコソッと教えて下さった。ほんの少し挨拶をする人が減った。それからは、先輩が同行するときには、先輩を横目で見ながら、先輩の挨拶のタイミングに合わせて私達も一緒に敬礼をして、少しずつ学んでいったのである。私達が挨拶をすべき人を判断できるようになるのは、まだまだ先のことであった。

WAC隊舎においても同じ状況であった。WACの先輩には全員必ず挨拶をする。朝であっても夜であっても、トイレにおいても「お疲れ様です」の挨拶は必須である。トイレやお風呂、共用場所を出る際には、「お先に失礼します」の挨拶も忘れてはならない。

いつしか私達はこのことを「お疲れ様人形状態」と呼ぶようになった。「オツカレサマデス・オツカレサマデス……」今日は何度いったことだろう。ついには寝言でまで「お疲れ様です」というようになり「シロハト君、寝言でお疲れ様っていってたよ」とベッドペアの先輩にゲラゲラと笑われた。

お疲れ様人形はこの先もずっと続く。「こんにちは」「こんばんは」を全く使わない生活が始まった。

アッという間に課業終了……

配属初日は何をしていたのかわからないほど緊張し、アッという間に課業終了となった。普段は残業をする先輩方も、新隊員の引率で早くに帰隊。私達が通勤経路に慣れる頃までずっと付き添って下さった。とても優しい先輩達であった。来た道をまたＷＡＣ隊舎に向けて帰って行く。憧れの電車通勤、先輩達と一緒に約一時間揺られて遠足のような楽しいひとときである。

会社帰りのお父さん達を横目に、「私も社会人になったのよね。かっこいい自衛官に見えるかしら？」。でも同年代くらいのＯＬさんらしき女の子が綺麗にお化粧をしてスーツを着ている姿を見ると、いいなぁと思った。かっこいい女性自衛官とおしゃれな通勤スタイルを比べると、おしゃれの方に憧れてしまう年頃であった。

夕闇の車窓に映る自分の姿は、おしゃれとは無縁の痩せっぽっちのショートカットの女の子だった。お世辞にも社会人には見えなかった。

第2章——夢と現実

そろばんの出番なし

部隊に配属され、新たな生活が始まった。

会計業務に就くかと思いきや、庶務係を申し渡され、なんとも複雑な気持であった。学びたての会計の特技教育は何の役にも立たないのである。即戦力とまでは行かなくとも、やる気満々で着隊したのに、せっかく学んだことを生かせずとても残念であった。

「このままじゃ忘れちゃうよ～」苦労したそろばんも机の引き出しで箱に眠ったまま出番はなかった。

あっ……もしかして、そろばんができないから会計業務に就けないの？　ふと気付き、納得しつつも落ち込んだ。「そっか、私はやっぱり会計科職種の落ちこぼれなんだ」へなちょこＷＡＣを大きく自覚した瞬間であった。

実際には、庶務係はレベルの低い隊員の受け皿ではない。小さな会計隊において、新隊員を配置できるポストは限られているのである。様々な係仕事を経験して徐々に上級者向けの係へと上がっていくのだ。そんなことには、まだ気付くことのできない私であった。

元から事務職である私でさえ職種の専門業務に就けずに落ち込んだのであるが、施設科職種や輸送科職種などの野外系の人気職種に選ばれたＷＡＣも、そのほとんどが本部や事務所での事務仕事に就いた。男性と同じように現場でのバリバリの仕事ができると思っていたのに……。その落胆振りは私の比ではなかった。この時点ですでに退職したいといい出す者も出るほどであった。

本部班お茶汲み係

会計隊には、給与班、会計班、契約班などがある他、私が配置された本部班があった。会計隊の中で一番小さな本部班。庶務係に与えられた仕事は、文書の受付とその回覧及び整理保管、食事の申し込みがメインで、その他は本部班ならではの諸々の雑用であった。そして、新隊員に課されるのは、お茶汲みであった。

私と同期は事務所を半分に分けて、お茶の受け持ちを配分した。朝と昼には、何十人という先輩方にお茶を出す。

この会計隊では女性だからではなく、一番下の新隊員がお茶の係であった。男性の後輩ができた場合は、男性でもお茶を入れるのである。お茶汲みの苦労は、新隊員後期教育の会計の区隊長から聞かされていた。幸いなことに、この会計隊では、出すお茶に文句をいう人は誰一人いなかった。

それでも、業務の合間にお茶の準備と大量の洗い物、隊長室の接遇等、お茶の仕事に追われることとなった。

私はお茶汲みが嫌いではなかった。それぞれの好みを掌握して、季節ごとに飲み物を変えたりと工夫するのは楽しかったし、美味しいといわれれば素直に嬉しかった。同じお茶を男性が出すより女性の方が美味しいと感じる人がいるのなら、私が出しますよと思っていた。

しかし、他の部隊では、お茶汲みは女の仕事といい切るところもあり、「お茶汲みをするために自衛隊に入ったんじゃない」と、これまた退職したいといい出す者が出るのであった。

腰の軽い女になれ!?

文書の管理は思ったよりも大変であった。国の文書というのは、やたらと漢字ばかりで難しい題名で長い。似たような文書も多く、それぞれを分類することも最初のうちは苦労した。まだワープロもパソコンもなかった時代、全てが手書きとゴム印の世界であった。

コピーにおいても、ご記憶の方もおられるとは思うが、まだ「青焼き」と呼ばれる感光紙を使用した物しかなかった。

感光紙のコピー機は、湿式からやっと乾式になったばかりであった。乾式になり少しは楽になったが、感光紙の管理は大変である。会計隊は、自衛隊内としては事務機器が比較的早く補充されるが、陸上自衛隊だけなのか予算の関係からか、一般社会よりその導入が遅れていると感じる事が多々あった。

昔は「電リコ」と呼ばれていた現在のコピー機が駐屯地に入ったのは、かなり経ってからであった。最初の「電リコ」は会計隊にではなく、駐屯地司令がおられる部隊に割り当てられ、その部隊に使用申請しコピーをさせてもらっていた時代もあった。ワープロやパソコンにおいても、普及するのに大変時間がかかった。

会計隊においては、メインはもちろん会計業務であり、本部班はいわば縁の下の力持ちで、その他の雑用班である。そこの下っ端は、当然、何でもしなくてはならなかった。

先任陸曹からいわれた目標は「腰の軽い女になれ」。今であればセクハラといわれそうな表現であるが、こんなことは日常茶飯事で、男性社会において普通のことであった。「おしりじゃなくて腰?」と全く見当外れなことを思ったが、つまりは「フットワークの軽い女性になれ」との指導だった。

デスクワークメインの会計隊内において、フットワークで仕事をこなすことを最良とする本部班。カルチャーショックのようなものを受けたが、その教えは「三つ子の魂、百まで」

として、私の中に刻まれたのである。

新隊員の歓迎「宴会」にて……

着隊から数日後、会計隊において私達新隊員の歓迎会が開かれることになった。まだ外出のできなかった私達にも初めて外出が許可された。部隊全員ではあるが、初めて駐屯地の周りの夜の繁華街に繰り出すのでとても楽しみであった。

駅はここ数日の通勤での利用だけで、駅前もほとんど知らない。まだコンビニもない時代、昼間の駅前は何もないという印象だったが、夜の駅前は自衛隊さんご用達の飲み屋さんのネオンが輝いていた。

先輩WACに「今日は〝鍋〟だよ！　シロハト二士は何鍋が好き？」と聞かれた。実はこの時まで私は、「鍋」という料理を知らなかった。父がいつも不在の核家族。母子だけで鍋をする習慣はなかった。考えれば親戚の集まりにおいても鍋をしたことはない。

すき焼きとかカニすきとかいわれるとわかったのだが、何鍋が好きといわれても、鍋……鍋？　土鍋とか片手鍋とか……フライパンは鍋じゃないし、でも好きな鍋なんてないし……。意味がわからず「好きな鍋はありません」と答えてしまった。「あれ？　シロハト二士は鍋が嫌いなの？　ごめんね」と先輩は困っていた。

その日の歓迎会は、もちろん〝鍋〟であった。まだ会計隊の先輩達とほとんど会話もしていない状況。見ず知らずのおじさん達が口にしたお箸で、同じ鍋をつつくことに少し抵抗があったが、これが自衛隊の宴会なのだ。「同じ釜の飯を食った仲」ということなのだろうか。緊張もありほとんど口にできなかったお料理。お酒を飲むわけでもなく、ひたすらオレンジジュースとお水を飲んで終わってしまった。

新隊員はＷＡＣ隊舎の外出の躾時間が短いため、私達の歓迎会なのだが早めに帰ることになった。おじさん方も腹ごしらえを終え、これから二次会に向かう。「ありがとうございました。お疲れ様です、お先に失礼します」とＷＡＣ隊舎で覚えたての言葉を並べ、私達は先輩ＷＡＣと共に帰路につく。

また一時間半もかけて電車に揺られるのだ。帰ったら、お風呂・掃除・点呼・明日の準備でお菓子なんて食べる暇はないだろう。お腹が減ったなぁ……。歓迎会の内容は全く忘れたが、鍋の印象とお腹が減っていたことだけを思い出す。

ちなみに陸上自衛隊では飲み会のことを「宴会」と呼ぶのであるが、それは海上自衛隊も航空自衛隊も同じなのであろうか？　ある日「今日は宴会なんだ」と友達にいったところ、自衛隊の飲み会ってすごいねと驚かれたことがある。

宴会と聞けば、普通は芸者さんなどを呼んでの大広間での大宴会をイメージするそうで、いやいや、至って普通の飲み会だと説明した。でも確かに自衛隊の宴会は強烈な時もある。これから自衛隊の「宴会」を徐々に覚えていくシロハト桜であった。

カラオケで大感動!

しばらくして、方面隊本部において、新隊員の集合教育が行なわれた。方面隊内の会計科職種だけではあるが、別れたままの同期と再会できるのだ。しかも泊りがけの教育。修学旅行に行くような気分である。

初めてジープに乗せてもらってお出掛けだ。まだ現行の「パジェロ」になる前の旧型で、隙間だらけの幌と鉄板だけのような車両であった。ガタガタ・ギシギシと音が鳴り、室内のエンジン音もうるさく、後ろの席では会話もできないほどであった。

色々なところに力が入り、持てる場所を探して掴まっている状態。それまで乗った自衛隊車両は、大型トラックの後ろと、大型バスだけだったため、あまりにも激しいジープの振動に、このワイルドさが自衛隊の車なんだと、楽しいような怖いような、ジェットコースターに乗ったような気分であった。

その車で高速道路を走り、会計隊本部を目指す。自衛隊歴の長い熟年ドライバーは、ジープに慣れていて平気であったが、私は生きた心地がしなかった。

新隊員の集合教育の内容は実は何も覚えていないが、その夜、会計隊本部主催で、方面の会計隊長等の偉い方々と新隊員の懇親会が開かれた。

特別に駐屯地外への外出が許可され、先輩ＷＡＣに引率されて、懇親会の会場であるスナ

おっ
どぞー
お茶
ありがと

ックへと徒歩で移動。かなり遠くのお店だったが、大人数の会計隊御一行様で貸切となり、軽食が出され、同期と一緒でとても楽しかった。しばらくすると、カラオケで歌うように指示が出た。

歌が上手い会計隊本部の同期がトップバッターで一人で歌った。続いてその他の駐屯地の者もといわれたが、私は人前で歌を歌う自信はなかった。

みんなで歌おうということになり、同期四人グループで歌うことになった。歌は当時流行っていた工藤静香の曲に決まった。だんだんと順番が近づいてくる。みんなでといっても、一人一人にマイクが渡され、台上で注目される。緊張しすぎて手が震える。声も出ているのかわからないほどだが、他の者に紛れてなんとか歌い終わった。転げるように席に戻る。自分でも情けないほどボロボロであった。

そろばんもできない、会計業務ではおちこぼれ、歌さえも歌えないなんて……。私は自衛官をやっていけるのだろうか？　落ち込んで泣きそうになったその時、一人の陸曹の先輩WACの方が歌い始めた。とてもとても美しい歌声で、宝塚にでも来ているかのような雰囲気。何？　何？　この人！　みんなもうっとりと聞き入っている。私はあまりの美しい歌声に感動し、先ほどまでの色々な感情が入り混じってポロポロと涙がこぼれた。

その先輩の歌が終わっても、ウルウルとしていた私。「あの先輩は、どういった方なのですか？」と聞くと、会計科職種ではあるが、歌声を買われて地方連絡部（現在は、地方協力本部）に長くいて、各種行事の司会からコンサートなどもこなす人だよと聞かされた。

自衛隊にもそんなお仕事があるんだと初めて知った。容姿も端麗で、私には世界の違うキラキラ輝くような人に見えた。

目指せ「歌って踊れるWAC」

私にも何か一つでも特技があればいいのに……。でも何一つ人に自慢できることなどない。美人でもない、グラマーでもない、頭も良いとはいえないし……。愛嬌はあるかもしれないけど、そんなの人並みだ。こんな素敵な先輩になりたいなぁ……。頑張れば私でもなれるかな？ その瞬間、新隊員前期で武山駐屯地に行った時に衝撃を受けた、お祭りの櫓の上でカラオケを楽しむWACの姿が思い出された。そうだ！ 私も先輩みたいになろう！ 先輩を超える「歌って踊れるWAC」になりた〜い！ こうして私はなぜか変な方向に目標を置いてしまったのだった。

その先輩が誰だったのか、未だにわからない。気が付けばその先輩は会計隊本部にはもうおられなかった。お嫁にでも行かれたのかなと思った。結局、教育の内容は全く覚えておらず、同期と会えて楽しかった思い出と、カラオケでの一件だけが私の心に残ってしまった。

当時のWACは、何かに長けている者がほとんどであった。例えば空手の名手であったり、陸上の選手で良い成績を持っていたり、書道の有段者であったり。入隊時の審査においては影響したのではないかと思われる。もちろん仕事ができることが一番ではあるが、その他のことに長けている者は重宝された。「芸は身を助ける」のである。

当時、WACに求められていたものは、男性と同じようにバリバリと仕事をすることではなく、数少ない自衛隊の華として、個性を生かした運用だったのではないかと考える。この先輩の場合も、歌の専門学校を出られたわけではないと思うが、そのようなWACが各地にたくさん存在したことは確かである。現在は、男女平等化の下、専門職の歌姫などがクローズアップされていることに時代を感じる。

大げさにいえば、昔は、幹部を除き、容姿端麗か大変優秀であるWAC以外は、取り柄のあるのが当たり前で、取り柄がなければ使い物にならないかのような時代だったように思う。しかし、そのほとんどが若いうちに寿退職し専門職のWACは育たなかったのが実情である。

自衛隊の常識

配属先での毎日が始まった。電車通勤に憧れていたが、現実は憧れていたようなものではなかった。ラッシュの方向とは反対だったため、身動きができないほどの混雑ではなかったが、往復二時間以上の通勤は意外と大変だった。

反対に行く車両に乗る人達は、笛を吹かれて押し込められ寿司詰め状態。まだ秋というには少し早い季節、汗をかきつつ、世のお父さん方は毎日頑張っているんだなと思ったものである。

車内では、席が空いていても先輩が優先である。私達新隊員まで座れるのは最初の路線だけで、その後は滅多に座れなかった。通勤する時にはスーツ姿を夢見ていたが、現実は飾り気のない服装が求められた。

何を着てはいけないという決まりはなかったが、おしゃれ＝華美で派手だと思われる傾向があったように感じる。

その当時の男性自衛官にもてはやされていたＷＡＣは「すれていない田舎の子」。おしゃれもお化粧も知らない、まじめそうな素朴な雰囲気の女の子が好まれた。そのため世間からはかけ離れ、おしゃれに無頓着な女性が多く見られた。お化粧をしている女性は年配の人しかおらず、ある程度の年齢にならないとお化粧をしてはいけない雰囲気であった。

入隊時に母に揃えてもらったお化粧道具一式は、いつになったら活躍するのだろう？　たまに可愛い服装で出勤しようとすると、通勤組でない先輩から「結婚式にでも行くの？」とチクリといわれる始末。

ネックレスやピアスがダメなのはわかる。訓練時に危険を伴うからである。指輪については結婚指輪のみが許されるが、それも訓練時には外すため、紛失しやすいという理由で着けない自衛官は多いのではないだろうか。訓練には関係ないが、もちろんマニキュアも禁止である。

自衛官として当然のことであるのだが、若かった私にとっては歯がゆい自衛隊の常識であった。

会計隊では野山での訓練も滅多にないのに、それでも自衛官であることに違いない。しかたなく短い爪を綺麗に磨いて光らせたり、脚の指にだけマニキュアを塗ったりして、怒られない程度に小さな抵抗を試みた。

教育隊の時は訓練中心のため、おしゃれは必要ない、必要ないというよりも反対に邪魔である。しかし、部隊配属になれば一人前の社会人として一般社会並みに「みだしなみ」の範囲でおしゃれできると思っていた。

おしゃれが人一倍大好きだった私にとって、社会人になったら「お化粧をして、スーツ姿にハイヒール、小さなハンドバッグ」と夢見ていたことは、ことごとく実現できず不完全燃焼であった。

電車の乗り継ぎ時に必死に走るためには、ハイヒールは無用だ。しっかり走れる靴と服装。それにサンタクロースのように大きなスポーツバッグ。

その大きなバッグの中には、駆け足の後の着替えや、洗濯済みの作業服やジャージなどが山盛り入っている。小さなハンドバッグにお化粧品とお財布なんて通勤スタイルは、夢のまた夢で無縁といって過言でない生活であった。これは自衛隊を退職しない限り続くのである。

これが当たり前と思えるまでに成長するのか、それまで自衛官を続けることができるのか、何ともいえないシロハト桜であった。

ボスの家からの声援

会計隊であっても日頃の体力錬成は当然のようにある。戦闘職種に比べれば、その量は遙かに少ないのであるが、会計隊の業務の他に体力錬成があるのだ。朝礼時に上衣作業服に下はジャージで集合し、力一杯自衛隊体操を行なった後に朝礼。

その後は円陣を組んで準備体操をし、駐屯地の外周沿いの駆け足に出発だ。

駐屯地の外周は意外と大きかった。ＷＡＣの走るペースに合わせて皆で走る。この時間帯は大勢の隊員が走っている。その中を会計隊の集団は「レンジャーコール」と呼ばれるかけ声を発しながら「会計隊ここにあり」と意気揚々と走る。一般の会社では考えられないことかもしれないが、これも仕事のうちである。

隊舎横を通り抜け、坂道を一気に降りると、駐車場を横目に官舎地区の前を通る。いつの間にかアスファルト道はなくなり、訓練場にさしかかる頃には土の道へと変わる。

小さな会計隊ではあるが、ＷＡＣの人数は駐屯地のどの部隊より多かった。少数ではあるがＷＡＣがまとまって走るようすと甲高い声のレンジャーコールは大変目立っていたように思う。

他の部隊の人で、ゆっくりとしたペースで個人で走っている男性隊員は、ＷＡＣに抜かされるのが嫌なようで会計隊の集団に一緒に付いてくる。他の隊員を飲み込むようにどんどんと大きな集団となりながら走る。

隊舎から一番離れた外周沿いで私のレンジャーコールの番が来た。「さあて、元気にコールをかけるぞ～」とドキドキしながら声を発した瞬間、隣りの陸曹に「シッ‼」と静かにのポーズをされた。「声を出すな、キョロキョロせずに前を向いて走れ」と小声でいわれた。えっ⁉ 何？ 何？ 私はより一層ドキドキとして、わからぬまま静かに走り続けた。ある程度行ったところで「もう声を出していいぞ、さあ頑張れ」といわれ、私は不思議に思いながらも元気にレンジャーコールをかけた。

走り終えて、先ほどの陸曹に「あの辺りは声を出してはいけないのですか？」と質問をした。なんでもあの近くにはヤの付く自由業の人が住んでいて、「自衛隊はうるさい」とか「ジロジロ見られた」などの苦情が駐屯地に来るため気を遣っているらしい。「一番大きなあの家がボスの家で、窓ガラスは防弾ガラスなんだって」と教えてくれた。あ……そうなんだ。

駐屯地の外周沿いにある一部の地区は、戦後すぐに外国人が不法占拠したとして現在も争っている。未だに下水が通っていないともいわれ、行政から隔離された地区がある。アスファルトの道が急になくなって、行政に対する批判の立て看板が立ち並ぶ、確かに少し危ないような雰囲気の場所である。

ある日、いつものように駆け足でその付近を皆で通っていた時。あろうことかあの防弾ガラスのボスの家と言われている庭から「桜ちゃーん‼」と手を振る人が……。思わず焦ってしまう私。気付かぬフリをしていると「おーい‼ 桜ちゃーん‼ 桜ちゃーん‼」と必死に手を振ってくる。「お、おはようございます」と、引きつり笑いのまま手を振った。

ボスらしき人も防弾ガラスの窓を開けて「桜ちゃん！　おはよう！　頑張れよ～」と声援を送ってくれた。「は～い」と手を振り応える私。

私以上に周りの会計隊の人達は、ドン引きで固まっていた。困った、気まずいなぁ……。ある程度行ったところで、「おまえ！　あの家の人達と知り合いなのか？」と質問攻めに遭った。

やっぱりそうよね、ビックリするよね。地元出身だった私にとって、その地区も学校区であった。そのためボスといわれた人は、単にお友達のお父さんだったのである。見た目は怖いけど、私には優しい人だった。お友達のお父さんの部下とも顔見知りであった。お友達の家にも遊びに行ったことがあるが、防弾ガラスかどうかまでは知らない。

知り合いといえば知り合いだけど、何といえば良いのやら困った。小さい頃から母に「あそこの道は危ないから通ったらダメよ」といわれていたことを思い出す。それでも何とも思わずお友達の家に遊びに行くと、見たことも食べたこともない外国の珍しいお料理をいただいたこともあった。私には優しい人達であったことは確かである。

大きくなっても、あちらもその頃と同じだと思っていたのだろう。通勤のために駐屯地の近くを歩いていると、窓ガラスまで真っ黒な怪しげなベンツの窓が開いて、「桜ちゃん、送ってあげようか」と笑顔で声を掛けられ、事務所の前を通りかかるとパンチパーマのお兄さんに「桜ちゃん、お茶でも飲んで行きなさい」とおいでおいでされる。

悪気はないとわかるのだが、その度に困ってしまうのであった。さすがに体裁が悪く「やめてほしいよ〜」とはいえないものの、困惑している様子が伝わったのか、気を遣ってくれて徐々にそっとしてくれるようになったのであった。しかし駐屯地で唯一、その辺りでレンジャーコールをかけても怒られない人として、会計隊では最初から強烈な印象となってしまったようである。

週末の大掃除

新隊員が外出できるようになるのはまだまだ先のことであった。通勤で外の空気に触れている私達はまだマシであったが、通勤組でない同期は来る日も来る日も塀の中。必要最低限の生活雑貨は「ＰＸ」と呼ばれる駐屯地内の売店で買えるが、ＷＡＣ隊舎のある駐屯地の売店は田舎のタバコ屋さんに毛が生えたような品揃え。学生がいる大きな駐屯地の売店とは比べようもないほど小さな規模であった。帰りに内緒で近くのスーパーに寄り、同期からの頼まれ物をよく買って帰ったものである。

携帯電話もない時代、朝に買い物リストを渡される。それはたいていが食べ物であった。テレビの主導権もない私達にとって、食べることが何よりの楽しみなのである。

まだ当直にも就けないほどの新隊員でも、外出はできないが週末の休みはあった。何もすることがなくのんびり昼寝かと思いきや大変忙しかった。毎週末、新隊員だけでの部屋の大掃除が待っていた。

先輩方が外出準備をしている午前中には、各部屋の清掃道具類の整備。ほうきの先を爪楊枝で丁寧にゴミを取り、綺麗にしてから洗う作業。

室内は土足厳禁であるが、埃と女性特有の長い髪の毛がほうきの先に絡むのである。それから新聞紙でゴミ袋作り。ポリ袋の消耗を抑えるために古紙を再利用した。先輩から伝授された新聞紙のゴミ袋の作り方。大きな新聞紙を相手に、最初は要領が悪く、驚くほど手や顔が真っ黒になった。

慣れてくると素早く作れて、ストックも多くなり二週間に一度くらいで済むようになった。それが終わると茶器棚の整理である。各自のコップやポットの他、お菓子などが入れてあるロッカーがある。先輩方の食べかけのお菓子の賞味期限を確認し処分したり、中を綺麗に整理した。

先輩方が出掛けられると、動かせる部屋の物を全て廊下に出して、床をタワシで磨き上げ、ワックスを塗る作業。ワックスが乾くまでの小一時間は部屋には入れない。

部屋の外に出したソファーセットに腰掛けて、同期とのんびりとお菓子を食べて過ごす時間が好きだった。滅多に独占できないソファーの椅子に子供のようにはしゃいだ。ワックスが乾けば、最後の仕上げに「ポリッシャー」と呼ばれる床を磨く機械を使用する。ポリッシャーの操縦はコツがあるのだが、不慣れな私はあちこちにぶつけては壁を傷つけたり凹ませてしまった。全て終わる頃には日が暮れた。

物干場ライブ

外出ができるようになっても、部屋の中で一番下なのは変わらず、作業をしてからの外出となる。疲れ果てて、夕飯を食べに出るのが関の山であった。

まだその頃は土曜日だけは、「半ドン」と呼ばれる課業時間があった。できるだけ早くに戻って土曜日に終わらせて、日曜日だけはのんびりしたいと、部屋の同期と頑張るのであるが、なかなか上手くはいかなかった。

掃除の他には、毎日のように先輩からのご指導。年の近い若い先輩ほど尖るものである。部屋長などは、やれやれまた始まったかと苦笑している。賢くて要領の良い同期とハッキリと態度に出して抵抗する同期と、要領が悪くすぐに凹んで半泣きになる私。怒られるのはいつも私であった。

そんな時は部屋を出て、いつも「物干場」（ぶっかんば）と呼ばれる洗濯物の乾燥室に逃げ込んだ。ゴーッと大きな音でボイラーのファンが回る部屋。泣いても誰にもバレなかった。寒い時期にはとても温かい場所で、洗濯物が所狭しとぶら下がっているため、人がいても気付かれないのである。

嫌なことがあったら、その部屋に座り込んで大きな声で歌を歌うとスッキリした。誰もいないのに電気が点いたままだと何度も消されるが、その度に外に出て電気を点けては延長す

るのである。先輩が探していても、轟音のファンの音で何も聞こえない。私だけの内緒のお気に入りの場所。新隊員の頃、ここで過ごした時間は、部屋にいた時間よりも多かったのではないかと思う。

　暑い季節には、涼しい私物庫に移動して、部屋からの避難民生活は長い間続いた。

　一番下のこんな生活は、後輩が入ってくるまで続く。私達の先輩の時代は、「季節隊員」と呼ばれる新卒以外の途中の時期に入隊した期があったため、後輩ができるのが早かった。

　しかし私達の時代、後輩が入ってくるのはそれから一年後である。まだ始まったばかりの下積み生活。外出もできず、楽しみの少ないこの生活がいつまで続くのだろうと思ったものである。

第3章 会計隊の秘密

本部班庶務係は落ちこぼれ？

部隊配属となってから二ヵ月目に入り、なんとか会計隊の雰囲気にも馴染んできた頃。いい渡された本部班での庶務係の職務に邁進する日々。会計科職種となるために業務学校で必死に学んだことは何も発揮する機会がなく、時間だけが淡々と流れだした。

私は会計科職種として会計業務にも就けない落ちこぼれなんだと思い込んだまま意気消沈していた新隊員時代。もちろん自衛隊の中において、どこの部隊にもある縁の下の力持ち的存在の本部班の業務は、大切な業務の一つである。この後の自衛隊人生で、本部班で学んだことは私にとって大きく役立つのであるが、そんなことはまだこれっぽっちも考えられない二等陸士であった。

ある日「はい、会計隊本部班シロハト二士です」と電話を取ると、小平駐屯地の会計教育部からであった。郵便物が小平に届いたため転送するとのことで、教育隊でお世話になった美人の第二班長からだった。

私は言葉を失った……。班長に本部班勤務だということがバレてしまったと思った。私が優秀でないことを、当然班長はご存知であろうが、本部班勤務になったことに劣等感を持っていた私は、それを知られたことがショックであった。

会計隊では落ちこぼれ、WAC隊舎においても厳しい日々……。

様々な思いが錯綜して「班長……」と口にするのが精一杯、ふいに涙が込み上げた。「シロハト、元気に頑張ってる?」変わりない班長の懐かしい声。小平の会計教育部を巣立ってから久しぶりの班長との会話。ほんとうは班長とたくさん話したかった。でも涙をこらえて「はい」としかいえなかった。泣いていることを悟られても班長に心配をかける。必死に涙をこらえた。電話を切ってからも涙がこぼれそうで慌てて廊下に出た。もう小平の楽しかった時代には戻れないとわかっている。ここで頑張るしかないのよね……。

現在の会計科部隊では、補給や訓練といった共通的職務には、そういった分野に長けた他の職種の隊員が配置され、会計科隊員は本来の会計業務に専念するという、より職種としての専門性を生かせる運用になりつつある。

特に訓練の計画管理においては実務経験者も少なく、他職種よりも不得意なのが会計科職種の特性である。他職種との交流にも繋がり、他職種から学ぶことも多い。また会計隊の実情を知ってもらえる良い機会にもなるため、良いアイデアだと私は思う。私の時代にこのような運用があったなら良かったのにと思いつつも、私のようなケースは山のようにあったのである。

ＷＡＣのそのほとんどが、総務・本部・庶務などの職務に就いていたのではないだろうか。女性としてその特性が最大限に生かせる職務が、それらの職務だという時代だったのである。近年においては、女性自衛官の運用の幅は徐々に広がりつつあるが、まだまだ発展途上だと感じられる。

知られざる「会計隊」

当時も会計隊には他部隊からの臨時の勤務者が数多く存在した。しかしそれらは「給与班」と呼ばれる部署だけに配置されており、各部隊の人の動きをいち早く掌握するための各部隊との連絡要員であった。

例えば、どこどこの部隊の誰々が結婚したとか、子供が生まれたとか、引っ越しした、昇任したなどの情報を収集するのである。変動があると、各種手当が増減したり、本俸が変わったりするため、全てが給料に関係するのである。しかしあくまでも会計科隊員ではなく、臨時勤務（一時的な処置）という立場であった。

各部隊から会計隊へ臨時勤務に充てられる者は、時間に制限のある学校への通学者やケガ等で訓練等に支障がある者等、演習等の訓練には参加できないが頭の良い人が多く見られ、バラエティー豊かな面々が会計隊をサポートして下さっていた。規模の小さな会計隊において、臨時勤務者はかなりの比率を占めていたという印象である。

各部隊の人事係をはじめ、各種支払い窓口に訪れる者や、業者さん等、とにかく人の出入りが激しい会計隊。電話はどこかしらひっきりなしに鳴っていた。いつも会計隊はオープンで、誰でもウェルカムな体勢なのに、「どこにあるのかわからない」「何をしているのかわからない」「入りづらい」とよくいわれた。

なんでだろう？　隊舎の片隅で、神経質に暗くひっそりとそろばんを弾いているイメージなんだろうか？　ご縁がなければ一生、会計隊に来ることのない自衛官もいたりして……。

私がいた会計隊には、入り口からズラリと一列のカウンターが設けられ、カウンター越しに対応していた。「ここから先は入ってはいけません」のような雰囲気ではあったかもしれない。でも会計隊はいつだってフレンドリーな部隊である。ＷＡＣも多く、お茶だって出てくる時もある。経費の運用の仕方や賢い方法等のアドバイスもしてもらえる。通い慣れれば違った刺激のある楽しい部隊である。

自衛隊の中でも、なぜかその活動はよく知られていない会計隊。外部の人間には更に理解ができないようである。私が職歴を説明しても事務官と間違われることが多々ある。事務職をメインとした自衛官がいるということが不思議がられるのだ。

確かに自衛隊の中では花形職種ではない。目立つ存在でもないし、自衛官ぽくもないかもしれないが、演習もあるし、もちろん射撃や体力検定だってする。普通の自衛官ですよ！といいたいシロハト桜であった。

父が国体で優勝！

配属からしばらくして、国民体育大会（国体）があった。国体は各都道府県持ち回りで、その年はちょうど勤務地のある都道府県で開催される年であった。日頃、鍛えられている自衛官は、国体の各種目に数多く参加する。父もその一人であった。地元開催の記念すべき国体に、銃剣道の部門で大将として参加。銃剣道の会場は、私が勤務していた駐屯地から離れた別の駐屯地であった。

定年を控えていた父にとって、自衛官として地元開催の参加は最後となるだろう。私は応援に行きたかったが、配属されたばかりの新隊員だったため部隊長の許可が下りず、会場への応援には残念ながら行くことができなかった。それを知った銃剣道のチームは、内線電話で、大会の模様を知らせてきて下さった。まだ携帯電話もなかった時代、内線電話とはなんとありがたく素晴らしいものなんだと思ったものである。

電話が鳴る度に、素早く受話器を取り上げた。最初はさほど興味のなかった会計隊の皆さんも、一回戦、二回戦と進むうちに、電話報告が気になりだして、遂には電話を取り囲んで

待つようになった。

最後の決勝戦まで残り、私が電話口で「優勝ですか？　ヤッター！」と叫ぶと、会計隊では万歳三唱が起こった。

会場では母も涙を流して喜んでいたそうである。銃剣道チームが優勝した吉報は、駐屯地の広報班を出し抜いて、会計隊から発信された。皆さん、応援して下さってありがとうございました。

私自身は銃剣道の「じゅ」の字もかじったことがない。小さい頃に一度だけ道場に連れて行かれ、練習に参加させられたが、全く才能がなかったのだろう、それきりであった。父の子として、銃剣道ができると勝手に思われることも多かったが、どう見てもへなちょこWACであった。

私が配属される一昔前の会計隊では、銃剣道も必須訓練としてたしなんでいた時代があったそうで、配属されたばかりの幹部自衛官は、教官になるために戦闘部隊の銃剣道の訓練隊に入れられたのだそうだ。

幹部といえど銃剣道の教官や他の隊員は遠慮せず、銃剣道なんてやったこともない会計隊の新任幹部はとてもしごかれたらしい。「お父さんにはお世話になったよ、無茶苦茶された」と苦笑された方もいた。

私が配属される頃には、もう会計隊で銃剣道をすることはなくなっていたため、私は自衛隊生活で一度も銃剣道を経験したことがない。銃剣道をやっていたらどうだったのだろうと思うときもあったが、現在の自衛隊においては、銃剣道の存在は薄れていっていると感じる。白兵戦のための格闘技というよりもスポーツとして発展し、小さい頃から身近にあった銃剣道と少し違うような、個人的には少し寂しい思いもある。

色々な意味で自衛隊生活の中で父の存在は大きかった。父の名前は全国に知れ渡っており、この後も行く先々で、銃剣道関係の方にお世話になるのであった。現在も銃剣道に携わり続けている父を私は誇りに思う。

秋の体力検定

秋になると体力検定が待っていた。体力勝負の自衛官として体力検定は一年に最低一度は必ず受けなければならない。体力がある一定のラインに到達していないと、昇任などにも影響する。体力のある若いうちは良いが、年齢ごとにボーダーラインは下がるとはいえ、年齢を重ねると辛いことだと思う。

配属されたばかりの私達は教育隊で体力検定を終わらせていたが、皆といっしょに受けた。特に新隊員のうちは、体力が向上するため、何度か受けた方が良いのであった。

今であれば一度受けたからもういいのでは？　と思うところではあるが、当時の私は年に何度も定期的に体力検定があるのか……自衛官って凄いなと思ったのであった。

体力検定は、男女の別や年齢による種目の差があった。こう見えても、走るのは短距離も長距離も得意であった。しかしハンドボール投げが大の苦手であった。男性の場合はソフトボール投げなのだが、なぜか女性はハンドボールだった。

ハンドボールが大きすぎて握れない私にとって、砲丸投げのようにしか投げられず、どれほど頑張ってもハンドボール投げの記録が伸びない。そのため総合評価が下がるのが残念であった。

会計隊における初めての体力検定。今までピチピチの同期としかやったことのなかった体力検定に、おじさん達が奮闘している姿を目にした。スポーツ万能の人はかっこよく見える。

また、衰えていても必死に頑張る姿には感動さえ覚えた。事務職メインの会計職種であっても、自衛官は自衛官。やる時はやるのである。きっと同じ年齢の一般の人と比べれば、自衛官はかなり体力はあるのではないだろうか。

ＷＡＣ達の黄色い声援を受け頑張るおじさん達。ただ、日頃から体力維持を心がけているとはいえ、バリバリに鍛えているわけではない。「無理はするなよ」と声がかかる。無理をして怪我でもされた日には、ふだんの業務に支障が出るからである。

砂場では、幅跳びが行なわれた。砂場を綺麗にしていると、コロンと小さな瓶が出てきた。それは小さな金色の粒の入った心臓の薬の瓶であった。「誰だ、こんなの落としてるのは？　大丈夫か？」と笑いが起こる。なんでも栄養ドリンクを大量に飲んでスポーツをすると、心臓に負担がかかるので、一緒に心臓の薬を飲んで危険を防止するのだとか。

ドーピングまでは行かないが、少しでも記録を良くしたいという現われである。心臓の薬はお年寄りの薬だと思っていたので、そんな使い方があるのかと大変驚いたのであった。どう考えても無茶苦茶である。

男性特有の種目としては、土嚢を担いで走るというのがあった。重い土嚢を担ぐだけでも大変なのに、それを担いで走るのを初めて見て大変驚いた。いかにも自衛隊ぽい種目だ。

会計隊で一番早かったのは、見た目はスラリとした人だった。体力がなさそうな印象なのに、土嚢を担いでものすごい速さで走る。後で聞くと、施設科職種から転科して会計科職種になった人であった。「さすが施設科職種出身だよね」と思った。

そして一番印象に残っているのは、最年長グループの「競歩」であった。競歩は意外とキツイ競技である。歩くより、走った方が楽であった。

会計隊での該当者は、隊長と隊付准尉。准尉はフーフーいいながらしっかりと歩いているのに対し、隊長はどう見ても走っている。「隊長、ズルイですよ〜」と准尉が後ろから叫びながら歩いている。

私達はコントでも見ているかのようにゲラゲラと笑った。若かった私は疲れも知らず、楽しい楽しい体力検定であった。

体力検定は、約一〇年に一度くらいの周期で見直される。その後の見直しの際、ハンドボール投げがなくなったのには心底喜んだ。

現在も見直しの時期で、大きく変わろうとしているらしい。職種ごとの特有の種目を入れようか等と検討されたとか。

「職種ごとといえば、施設科は土嚢でしょ、普通科は？　特科は？　会計科職種は、やっぱりそろばんを持って計算しながら走るしかない？」という私に「いやいや、今はパソコンの時代だよ。ノートパソコンだったらいいけど、デスクトップを持って走るのは勘弁してほしいなぁ」と昔の同僚と笑い合った。

自衛隊は暖房もワイルド

シロハト桜は自衛隊での初めての冬を迎えた。ＷＡＣ隊舎では暖房が入りとても温かだ。ただ、自衛隊の暖房の音に驚いた。

当時はほとんどの駐屯地がボイラーによる集中暖房（セントラルヒーティング）であった。

送風器のないヒーターが各部屋に造りつけてあった。新しい隊舎では、ヒーターのカバーがあるが、古い隊舎のヒーターは銀色の発熱部がむき出しであった。

早朝の定時になると、ボイラー室から送られてくる蒸気でパイプが膨張してきしむため、カンカンと音が鳴る。

最初は遠くの方から小さな音でカンカンと響いてきて、部屋に届く頃にはガンガンと大音量の合唱となった。「何？　何？　この音は何～？　爆発するの？」と慣れない頃は何事かと怖かったが、慣れた後は目覚まし時計の代わりとなった。

暖房で音が出るという不思議な現象は、自衛隊以外では経験したことがない。「なんだかすごい！　自衛隊は暖房もワイルドだわ」。初めてのことに何でも感動する年頃であった。

音には慣れたが、集中暖房のためボイラーの運転時間が終わると途端に寒くなるのが困りものだった。ボイラー室から蒸気が送られてくる時間は、暖かい日でも寒い日でも一定である。

細かな温度調整も皆無である。「暑かったら窓を開けろ、寒かったら各自創意工夫しろ！」それが自衛隊方式である。あまりにも暖かい日には、節約して蒸気を送らない日もあるようだが、全く送ってこないか送ってくるかの極端な調節くらいしかない。

暖房期間は○月○日～○月○日までときちんと決まっており、気温に関係なく守られるのは国の機関だからであろう。冬に入った当初は節約ぎみの運転だが、年度末になると大盤振る舞いだったのは気のせいだろうか？　いずれにしろボイラー担当技官さんには、朝早くから夜遅くまで私達のためにありがとうといわなくちゃ。

ヒーターの上には乾燥予防のために、水の入った缶ややかんなどが置かれることが通例である。その水の缶の中に玉子を入れておくと、ゆで玉子が楽しめた。夜になると「もうボイラー終わっちゃった？」と名残惜しくヒーターの上に座っていたことを思い出す。

現在においても、自衛隊では集中暖房が基本であるが、エアコンの普及や建物毎の冷暖房設備など、一部の部署や建物の空調は個別運用されている。ちなみに、冷房が普及するのは、まだまだ先のことである。夏は夏で灼熱地獄が待っているのだ。

とにかく寒い、女性の冬服

制服も冬服に衣替え。冬制服は春に入隊した頃のわずかな期間に着たきりであった。なんだか懐かしく感じた冬制服。入隊してたった半年あまりだが、この期間を振り返ると人生最大といっても過言でない激動の半年だった。冬制服を懐かしく感じる日がくるなんて、私も成長したのかな？　と自負したものだ。

会計隊では制服勤務が基本である。冬の制服は、女性にとってとても寒いものであった。戦闘服だと中にいくらでも着込めるが、制服の中は冬物の下着くらいしか寒さを防ぐものがなかった。

男性の場合は、中にベスト等を着る余裕があるのだが、女性の制服上衣はシェイプされておりスマートなシルエット。おまけにスカートにストッキングと「短靴（たんか）」と呼ばれるパンプス。ズボンであれば、何か中に履けるのだけど、タイツさえも不可であった。とにかく寒い。

「外套（がいとう）」と呼ばれるコートが支給されていたが、なぜか一度も着ることはなく、着ていた人も私の所属していた地方では見たことがない。雪国の人が着るイメージである。

普段は「雨衣（あまい）」と呼ばれるレインコートや、「外被（がいひ）」と呼ばれる作業用の上着を着てしのいだ。年配の女性自衛官の中には、私物のズボンを仕立てて着用されている例も稀にあったが、お化粧と同様、大先輩にしか許されない特例のような雰囲気であった。

皆も我慢しているからそれが当たり前で、若いからなんとかなったのだろう。現在は、自衛隊指定の私物のセーターやジャンパーの着用が認められており、女性用のズボンも官給品で貸与されている。当時と比べてずいぶんと柔軟な寒さ対策が採られている。自衛官であっても人間なんだから寒いものは寒いのである。

ボーナスで会計隊は大忙し

もうすぐ一二月。クリスマスやお正月、年末年始の休暇など楽しいイベントがてんこ盛り

☆ワクワクしながら毎日を過ごしている中、会計隊は期末・勤勉手当（ボーナス）と差額の支給準備に追われていた。

一二月のボーナスは一年で一番支給額が高く、会計隊は大忙しである。本部班勤務の私にはさほど関係がなかったが、周りの殺気立った雰囲気に緊張した。遅くまで残業する会計隊の面々。日増しに疲労の度合いが増していくのが見て取れた。

「差額」について簡単に説明すると、まず国家公務員の給与は労働基本権が制約されており労使交渉ができない国家公務員の代わりに、人事院が給与改定を国会と内閣に勧告する。

民間企業が春闘などで賃上げが確定した後に、人事院が民間企業の給与を調査し、格差がある場合は人事院勧告を行ない、その格差を埋めるのだ。つまり民間企業の給与水準に連動して増減する仕組みである。

そして内閣の法案提出をへて国会で審議された後、可決されると給与法改正となる。一般的には人事院勧告は八月末くらいに行なわれ、一一月末くらいに給与改定となる。年度当初に遡って改定されることが多く、反映されるまでの間の給与額の差が、「差額」として発生する場合がある。

毎年必ずではなく、差額が発生しない年もあり、もちろんベースアップではなくダウンの年もある。アップの場合は支給され、ダウンの場合は徴収される。

給与改定と差額の支給日が決まると会計隊は慌ただしくなる。期日までに支払いの準備をしなければいけないからだ。

パソコンなどない時代。集中式の大型のコンピューターは各地区にあったが、それに打ち込むデータの資料作成は手作業である。現在はもっと楽になったが、機械化されたことで反対に面倒なこともあるようだ。新隊員後期の会計科職種の教育においても、パソコンを使う授業が行なわれている。

初めてもらった差額は、当時の給料の一ヵ月分ほどもありとても嬉しかった。バブル崩壊のずっと前、給与改定の幅は大きかった。今では夢のような話である。そして私は初めてのボーナスで親に贈り物をしたのだった。

一〇〇円足りない!

お給料やボーナスの当日は銀行にお金を受領しに行く。まだ当時は銀行振込か現金渡しかを選べた時代で、現金渡しの人の分を毎回銀行に受け取りに行っていた。全員が現金渡しではないが、その金額は多額となるため厳重である。

マイクロバスを借り切って会計隊のほとんどの人員を割いて、警務隊の支援を受けながらの大仕事。各自の制服のポケットの中の小銭なども事前に点検し、不必要な物は置いていく。マイクロバスは会計隊長自身も乗り込み、大きな金属製のトランクをいくつも積んで、厳正な雰囲気で出発する。

ある日、転属してきたばかりの警務隊の隊員が、隊長の席とは知らずにその席に座ってしまった。いつもの席だから運転手も私達も隊長だと思い込んでしまった。隊長がいないことに誰も気づかず、マイクロバスは静かに出発した。

銀行の裏口にマイクロバスを着け、物々しく警備員が配備される中、足早に銀行の中に入った。当然、この日の主人公ともいうべき隊長は、置き去りにされたことに怒り心頭でマイクロバスを追って銀行にジープで乗りつけた。

しかし時遅し、会計隊の一行は既に銀行内で、ドアは固く閉ざされていた。銀行の人に「会計隊長だ！」といってもわかってもらえず、警備の人に阻まれ、なかなか中に入れてもらうことができなかったそうだ。文句をいう隊長に、皆は申し訳なく恐縮しながらも、笑いをこらえるのに必死だった。

銀行の中ではお金を数える作業。支給区分毎に分けられた袋を一人ずつ受け取り、中身を確認する。大小様々な袋の中は全てお金である。不必要な私語は厳禁で、静かな中にお金を数える音だけが聞こえる大変緊張感のある作業であった。

数え終わると一人ずつ、金額を呼称して「異常なし」の報告を隊長にする。静かな中なのでこれも意外と緊張するのである。

最初の頃は、多額のお金が怖くて怖くて……。きっと一生見ることがないような札束に最初は目がクラクラしたが、慣れるとお金という感覚ではなく、数える対象物としてしか見えなくなった。

そんなある日、いつものように銀行でお金を数えていると、何回数えても一〇〇円足りなかった。やはり何度も確認したが足りない。銀行も人間の作業であり、こんなことも極々稀にあるのだが、まさか私の選んだ袋がハズレだとは思ってもおらず青ざめた。

「隊長……一〇〇円足りません」と報告すると、一瞬にして周りの空気が凍った。まずは数え間違いを指摘され、他の人にも確認してもらったがやはり足りない。隊長も銀行側も慌てている。

　全ての現金を数え終えたところで、テーブルの下や椅子の間など捜索が始まった。落とした覚えもなく、落ちたら静かな中で響くからわかるはずである。各自のポケットなども点検された。

　最後は私の身体検査である。「私が泥棒したと思われてる?」軽く点検されて釈放されたが「一〇〇円なんて泥棒していません……」とヒックヒック泣いた。最終的に、その一〇〇円はどこからともなく銀行が出してくれて一件落着となったのである。

　帰隊しても泣き腫らした目のままの私に皆は「シロハトが盗ったなんて誰も思ってないよ」と笑った。たかが一〇〇円、されど一〇〇円。会計科職種は厳格に仕事しているのだ。

　現在では現金輸送車が狙われる危険性や事故防止のためと業務簡素化のため、銀行振込が基本となり、お給料以外もふくめて全ての現金渡しは、よほどのことでない限りなくなったそうである。もう今時の会計科職種は、わら半紙をお金の大きさに切って数える練習なんてしないのね。

ひーふーみーよー
100
足りない…
Xmas

ＷＡＣ隊舎のクリスマス大宴会

自衛隊は宴会（飲み会）が多い。日頃のストレスの発散や団結を深める効果もあるのだろう。何かにつれ宴会が計画される。今のご時勢、民間企業の若い人は上司と一緒に飲むのが嫌で断る人が多いと聞くが、自衛隊においてはそんなことは許されない時代であった。今でもそうではないだろうか？　偉くなる方はお酒が飲めないと出世しないともいわれた時代だ。また新婚さんにおいては、自衛官の宴会事情を知らない奥さんがあまりの宴会の多さにキレて、必ず夫婦喧嘩するらしい。若い頃はお給料が少ないのに宴会代がかさむからである。

年末年始、異動の時期は宴会だらけである。部隊の宴会、中隊の宴会、小隊の宴会、戦技のグループの宴会、同期の宴会、県人会の宴会など。例に漏れず、お酒は飲めないが新隊員の私でさえも会計隊、ＷＡＣ隊舎、ＷＡＣ隊舎の部屋、同期の宴会が忘年会・クリスマス会と銘打ってたくさん押し寄せた。

一番楽しかったのはＷＡＣ隊舎のクリスマス会という名の大宴会であった。それは駐屯地内の「クラブ」と呼ばれる飲食店を借り切って行なわれた。

私達新隊員にとって、ＷＡＣ隊舎全体の宴会におけるデビュー戦であり、大変気合いが入っていた。しかし、クラブに移動しようとすると、突然同じ部屋の同期が「行けない」といい出した。

「そんなことをいわずに……」と私達が困っていると、同期は泣き出してその場に座り込んでしまった。「どうしたの？　大丈夫？」同期は高熱を出していた。大事な宴会だと思い体調が悪いのを先輩にいい出せなかったのである。さすがに体調の悪い者まで無理矢理参加しろという先輩方ではなかった。同期はベッドでのお留守番が決定し安堵して就寝した。

ＷＡＣ隊舎全員参加のクリスマス会に初めて参加して、ＷＡＣが集まると賑やかなのは教育隊時代に経験しているが、先輩方はなんと芸達者な人が多いのだろうと驚いた。お酒が入った先輩方は日頃の怖い先輩ではなく、サービス精神旺盛で盛り上げて下さる。

男性隊員には見せられないような弾けた光景が繰り広げられ、私達はその洗礼を受けた。どこから持ってきたのかわからないような楽器も並び、歌って踊る。とても楽しくて時間が過ぎるのが早く感じた。クラブはＷＡＣ隊舎の隣りにあり、いくら飲んでへべれけになってもすぐに帰れる。

先輩方を支えて帰るのも私達新隊員の役目であった。夜中に、飲み過ぎた先輩が二段ベッドの上から落ちて頭を打つという事故が起きて後日大きな問題となってしまったが、クリスマス会によりＷＡＣの親睦はより一層深まったのであった。なお、ＷＡＣが酔いつぶれる姿は男性隊員の知らない世界であろう。

第4章　自衛官のボーナス

憧れの電卓

自衛隊生活で初めての年末年始を迎え、ワクワクする毎日を過ごしていた。ボーナスを手にして、自分へのご褒美は何にしよう？　まずは会計科職種のアイテムを買いに行こう！　私は憧れの電卓を買おうと決めた。そろばんさえもほとんど使わない庶務係であったが、電卓を叩いている先輩方の姿は、私の中で「これぞ会計科職種」のように素敵に映っていた。

まだソーラー電卓が出たばかりで、小さなポケットサイズのカバーの付いた電卓が流行っていた時代。しかし流行りの小さな電卓では反応が遅く、仕事には桁数も足りなかった。私達が使う電卓は、速打対応で一二桁以上の物となる。大きさもかなり大振りであった。そうすると必然的に業務用となり、お値段も高額で普通のお店では売っていなかった。ある日、わざわざデパートまで電卓を買いに行った。ショーケースはキラキラとしており、その中に最新鋭の高級な業務用電卓がズラリと並んでいた。どれも有名メーカーの優れ物で、どれを購入すれば良いのかわからない。

先輩が使っておられたのは、電源コードでも電池でもどちらも対応可能なタイプで、電源を入れると緑の電光文字が浮かぶ。付属の部品を取り付けるとレシートまで打てる大変高価な物だ。「あんなのが欲しいなぁ」とは思ったものの、一番安い物でもお給料の一〇分の一以上である。当時、電卓は高価だった。先輩のタイプにはさすがに手が出せなかった。

色々と叩いてみて、叩き心地が良くて指の長さや幅に合う物を選んだ。「もっとお仕事ができるようになったら、先輩のような電卓を買おう」と、分相応な価格のメーカー一押しのソーラー電卓を買うことに決めた。それでも私にとっては高額な買い物である。「この電卓が似合うような会計科隊員にならなくちゃ」とやる気が漲った。

そろばんに次ぐ高価な会計科アイテム。次の日から早速お披露目した。その電卓はまぶしいくらいに机を飾る。

ついに購入したのかと、会計隊の皆さんも声をかけて下さる。今の時代だと安価で機能が充実した電卓が普通に出回っている。電卓一つでと思うかもしれないが、まだまだそろばんが主流であった時代、きちんとした電卓を個人で持つということは、「会計科隊員として自衛官を続ける」との意志を表すことであり、ステータスのシンボルともなるワンランク上のアイテムだったのだ。

嬉しくて嬉しくて、単純な計算でもわざわざ電卓を出して叩いた。サクサクと計算ができる！ あら、電卓って楽しいわ♪ 学生の時にアルバイトをしていてレジ打ちには慣れていたため、みるみるうちに上達した。

先輩方からは「電卓を叩いていたら仕事をしているように見えるぞ」と笑われる始末。だってだって電卓を使いたいんだもの。電卓の画面を見ずに叩いても速打機能の付いた電卓は反応してくれた。ついには右手で書きながら左手で打つこともできるようになった。早い！ 元々そろばんが大の苦手だった私は水を得た魚のように最新鋭の電卓を使いこなした。「少しは会計科隊員らしく見えるかも？ 早く桁数の多い会計業務に就きたいなぁ」。徐々に成長していく中で、そろばんは苦手なままであったが、いつの間にか会計隊内でも屈指の電卓の達人へとなっていくシロハト桜であった。

電卓の普及により、会計科職種のマストアイテムであったそろばんは、現在では過去の遺物となってしまった。会計業務において使用している人はほとんどいないのが現状だそうだ。稀にそろばんの有段者など、電卓よりも早い人が使っている程度である。

会計科職種においては、そろばんはさておき、今では電卓検定を推奨している。あれだけ苦労したのに、そろばんの時代は終わったのね。私の時代に電卓検定があったならば、もしかしたら良いところまで行けたのではないかと、ほんの少し残念に思う。

ぜんざい！
ヨイショオ！
ヨシコイ
NEW!!!

年忘れ大会の餅つき

会計隊ではボーナスと差額とお給料の支給が終わり、やっと落ち着いてゆったりと年末年始の休暇を迎える雰囲気となっていた。駐屯地では「年忘れ大会」が催され、各部隊はすっかりお正月気分である。

一年間の慰労とさらなる団結の強化のために、みんなで楽しめる行事が計画されていた。日頃は苦しい訓練を積み、楽しむ時は大いに楽しむ。この差が隊員の士気高揚に繋がるのである。

駐屯地の年忘れ大会は、大講堂でカラオケや寸劇等の演芸が盛大に行なわれた。各部隊代表の芸達者がここぞとばかりに盛り上げてくれる。

歌を歌わせればプロ級、漫才も劇も筋金入りだ。この人達はプロの芸人さんだろうか？と思うくらい各部隊は素晴らしい芸達者を次々と登場させる。「自衛官って何でもできるんだぁ！　一体どこで、いつ練習したのだろう？」。地域の協力会の来賓の方々も、涙を流しながらお腹をかかえて笑っておられる。年忘れ大会を盛り上げるために、隊員は精一杯頑張る。これも仕事の一つである。

やる時はやるのが自衛官であり、バカにならなければいけない時もある。一般の会社ではここまでレベルの高いイベントはないのではないだろうか？　私も年忘れ大会に出られるような「歌って踊れる自衛官になりたいなぁ」。

会計隊でも、独自にお餅つきをして善哉を作った。男性陣は外でお餅つき、ＷＡＣと隊付准尉は当直室で善哉担当。餅米を蒸して臼と杵でお餅をつく。部隊に蒸し器や臼や杵があることに驚く。自衛官はお餅つきが上手い。特にお餅つきの練習をしている訳ではないが、何故か上手いのだ。

実は先日、地域のお餅つきに参加して、近隣の男性陣がつき手として応援に来て下さった。その中で、あるグループがやたらと上手く、他のグループに比べて断然早くお餅がつき上がるという現象が起きた。見ていると、腰の入り方が周りのグループと全く違った。

杵の勢いも命中率も全く別格であった。複数のつき手で連打するのだが、息がピッタリと合っており、一糸乱れぬ素晴らしいコンビネーション。「あの方達はプロのお餅つきの方ですか?」と聞いたら、「近所の自衛隊の官舎の方達です」といわれた。

元からお餅つきの仲間でもなく、たまたま集まった自衛官なのに、一般の男性とは全くレベルが違った。それはきっと日頃の訓練で体幹が鍛えられて、団結力に優れているからではないだろうか?

さて、会計隊で一番上手かったのは、施設科職種から転科された陸曹の方だった。ツルハシを杵に持ち替えてお餅をつく。会計科職種といえど、さすが自衛官！　体力と根性がある。これも訓練のうちなのだ。

一方、女性陣は当直室に大鍋を入れて善哉を作っていた。あんこの袋をたくさん開けて、大鍋いっぱいに善哉を作る。「こんなお鍋も会計隊は持っているんだ！　何でもあるのね」と感心した。お餅や善哉を買ってこようと思わず、全て自分達で作るところが素晴らしい。「自衛官って何でもできないといけないのね、すごいわ！」などと、何にでも感動するのであった。

お鍋のあんこをお湯で溶きながら、煮立ったところで砂糖を入れるが、ここで同期が間違って塩を一袋丸々入れてしまった。気が付いた時には後の祭り。「今年は少し塩辛い善哉ということにしよう」と皆がフォローした。

船のオールのようなしゃもじと、おかしいほど大きなお玉でお鍋を掻き混ぜる。廊下には甘い香りが漂った。そのうちにお餅がつき上がったので、丸めるのを手伝うようにといわれ、熱々のお餅が事務所に運び込まれてくる。

すると、臨時勤務の給与班の隊員が、見事な餅さばきを見せた。熱々のお餅をものともせず、職人のごとく綺麗な小餅を次々と生み出す。鏡餅は売り物のようにプックリと丸みを帯びている。「一体この人は何？」と驚いて聞いてみると、前職は和菓子屋さんだったとのこと。ほんとうに職人さんだったんだ！

私達より一昔前の自衛官は、春の新卒ではなく途中の時期に入隊してくる人が多かった。その方達のほとんどが、入隊以前の職歴を持っていた。土建屋さんもいれば植木屋さんもいる。様々な特技を持った人々が集まって来ていたのである。それらの特技を自衛隊生活で生かすヒーローが多くいた。

幅の広い職歴を有する自衛官が組織を支えていたことは、自衛隊にとってプラスだったのではないだろうか？　現在の自衛官とは異なる点である。こうしてつつがなく初めての年末行事は終了した。

年末年始の特別外出

何事も無ければ、この一月一日に一等陸士へと昇任する。WAC隊舎の規則では、一等陸士になれば「特別外出」と呼ばれる、外泊を伴う外出ができるようになる。

後は年末年始休暇を待つばかりとなったある日、WAC隊舎の管理陸曹に呼び出された。「私だけ何だろう……？」嫌な予感がしたが行くしかない。自習室に入るとドアが閉まる。静まり返った部屋は管理陸曹と私だけの空間。すでに管理陸曹の顔は怒っていた。「何をしたんだろう私……？」思い当たる節はなかった。

その時、おもむろに管理陸曹が口を開く。「シロハト二士、一月に一士になっても特別外出の許可がもらえるなんて思っていたら大間違いだからね！　家が遠くて特別外出が取れない子だっているんだからね！　許可なんかしないわよ！」と頭ごなしに雷が落ちた。

一度だって特別外出を取りたいなんていったことはない。きっと簡単には許可が出ないだろうということはわかっていた。同期の中で、比較的実家が近い子は私をふくめて三名ほどしかいなかった。管理陸曹は私が一士になる前に釘をさしたかったのだろうが、何も考えていなかった私には、正に青天の霹靂だった。

自習室に取り残された私は、半泣きのままヘタリこんでしまった。WAC隊舎にいるのが怖いよ～。「年末年始の休暇はみんなも帰るから私も家に帰ってもいいのよね……？」「会計隊のWACの先輩方は優しいけど、同じように思っているんだろうか？」。怖くて誰にもいえなかった。涙が溢れる。「泣いちゃダメ！　誰かに見られたら、どうしたの？って聞かれちゃう。泣かない泣かない……でも……」

そして何事もなかったかのように日々は過ぎていき、会計隊から年末年始休暇をいただいた。部隊配属になってから初めての外泊。結局、管理陸曹からは何もいわれず、一目散に両親の待つ実家へと帰った。

毎日、通勤ですぐ近くを通っているにもかかわらず、なかなか帰れなかった家。私が帰ると、何も変わらない我が家が迎えてくれた。今までのように私の部屋があって、母の手料理が並んで、一家団欒のひと時。母の隣りの布団で寝ることにこんなにも幸せを感じたことは無かった。

ついこの前まで過ごしていた普通の生活に安堵して心が和んだ。でも自衛官になった娘を誇りに思い、応援してくれている両親を前に「WAC隊舎に帰りたくない」とはいえなかった。「お父さん、お母さん、このままここにずっといたいよ……」年末年始休暇が終わるまで残り何日と、毎晩布団に入る度に数えては悲しくなった。

当時の自衛官は、「縁故募集」と呼ばれる、親近者が推薦をして試験を受けて入隊するパターンも多かった。ＷＡＣの場合は、簡単には入隊できなかったが、自衛隊に何らかの関係のある者が多かった。地方連絡部（現在は地方協力本部）の偉い方を通じて入隊した者や、父兄会などの有力者を介して入隊した者、高級幹部を父に持つ者など様々であった。

親の中には、何か事があると、有力者と一緒に乗り込んで来る人もいた。特にＷＡＣは、親から預かっている嫁入り前の大事な娘さんとして、外部からの苦情に過敏に反応する指揮官も多かったように思う。

「私も父にいえば……」ふとよぎった想い。「お父さんあのね、ＷＡＣ隊舎の先輩が……」と切り出すと、父は一言、「自衛隊とはそういう所だ」といい放った。私より自衛官の大先輩である父。昔は今以上に厳しい上下関係であったろう。

長年自衛官を続けてきて、私なんかよりもずっと苦労を重ねていた父。結果的に父は私の味方をしてくれなかった。今となっては、父の判断は賢明であり、怒鳴り込んでくるような親でなくて良かったと思う。

きっと父は、厳しく接していながらも遠巻きに心配していたのだろうなと、今となっては親心がわかるのであるが、その時の私は親にも見放されたのだと感じてしまった。「自衛官の親を持つとこんなこともあるのだ」と思った。

私はまたＷＡＣ隊舎に戻ることになった。父が車で送ってくれて、このまま時間が止まればいいのにと思った。今度はいつ実家に帰れるのだろう？　車の中には、やけに静かな私がいた。

そんなこんなで、一月一日には無事に一等陸士に昇任し、シロハト一士が誕生した。全ての階級章を付け替えるのに苦労する。裁縫の苦手だった私は、固い階級章を手縫いするのに数日を要した。でも二等陸士より一本線が増えただけで、後輩は入って来ない。WAC隊舎でも会計隊でも一番下のままだ。もちろん特別外出なんて夢のまた夢。私を取り巻く環境は何一つ変わらないのが現実であった。

広報誌に載った父とのツーショット

年末年始の休暇を終えて、一等陸士に無事に昇任し、心新たに始まった新年。まだまだ部隊配属されて四ヵ月目のピヨピヨ自衛官である。目上の方に「お疲れ様です」と挨拶をしなければいけないところを、間違えて「ご苦労様です」なんていってしまったりと失敗は多かった。

ビジネスマナーでは一般的に「ご苦労様」は目上から目下へ、「お疲れ様」は目下から目上への言葉として捉えられている。自衛隊においても私が口にするのは「お疲れ様です」しかないのであった。

隊舎の中で同じ階に事務所があった駐屯地の広報班の班長に間違えて「ご苦労様です」と挨拶をしてしまった時、広報班長から直接注意をされた。私から見れば雲の上のような幹部の人に注意を受けて意気消沈。

広報班長はいつも不機嫌そうな顔だ。「お疲れ様です」と挨拶をしても「俺は疲れとらん！」などというので、正直とってもおっかなくて「会いたくないなぁ」なんて思った時もあった。しかし、それでも毎日挨拶をしていると、段々と優しくなってきた。広報班の前を通ると「素通りするとは何事だ！　寄っていけ」とあくまで憎まれ口を叩きながら、そっとお菓子を下さったりした。広報班長の一言多いのにも慣れて不器用な優しさに苦笑。とても可愛がっていただいた。

そんなある日、父とのツーショットの写真を広報誌に掲載してもらえることとなった。冬晴れの日、隊舎前の芝生で緊張の写真撮影。年末年始休暇でパーマをかけて少し大人っぽくなった私。まだ聖子ちゃんカットまでいかなかったが、伊代ちゃん風のふんわりとした髪型はお気に入りだった。

制服姿の親子は二人ともカチンコチンであった。カメラマンの要望通りに敬礼をしたり、横に並んだりと何枚もシャッターが切られる。カメラマンは「堅苦しいなぁ」といい、私の肩に腕を回すように父にポーズを取らせた。父は照れている。二人してニコニコ顔の仲の良い親子のベストショットが撮れた。

その写真は、駐屯地の広報誌のみならず、親子が同じ駐屯地に配属されることは珍しかったため、自衛隊の全国紙の『朝雲新聞』にまで取り上げられた。私達親子の写真は広報班長の計らいで全国に発信されたのだった。

父はその後に定年を迎えるのだが、もう二度と撮れないその写真は今でも私の宝物となっている。そして大変可愛がっていただいた広報班長は、定年を迎えられてすぐに亡くなられた。ご恩返しも何もできなかったけど、お世話になったことは忘れていません、ありがとうございました。

こうして私は、会計隊ではない他の部隊の方とも少しずつ交流が出て来て、楽しい自衛隊生活を送っていくのであった。

物干場の同居人

WAC隊舎では相変わらず下っ端の忙しい生活であった。先輩からのご指導を逃れるために「物干場（ぶっかんば）」と呼ばれる乾燥室にこもる日も多かった。特に冬はとても暖かく心地良い場所である。ボイラーの大きな音の中、洗濯物に隠れて大声で歌ってはスッキリとした。

流行のアイドルの曲を宴会に向けて練習するのだ。カラオケの一つもできなかった私が憧れた、宝塚ばりのWACの先輩の歌声。「あんな先輩になってみたい」、人前で披露するにはまだまだであったが、歌うことの楽しさを覚え始めた。

休みの日には同期とカラオケに行くこともあり、ちょっとずつ歌のレベルはマシになってきた。WAC隊舎の部屋の宴会では、恥ずかしがりながら工藤静香ちゃんの歌を歌うと、先輩の部屋長に「桜ちゃん可愛いよ」といってもらえてとても嬉しかった。いつかは『歌って踊れる自衛官に！』私の目指す方向は人と少しだけズレていたかもしれない。

物干場は、私だけの秘密の歌の練習場だったはずが……ある日、そこに同居人が一人増えた。同じ境遇の同期である。あちらは本を持ち込んで読んでいた。端と端とで距離を取り、話すことはなかったが思いは同じであることは明らかだった。

「こんな中で本が読めるなんてすごいなぁ」と思った。大音量のボイラーの音で集中できるのかな？　でも私は人がいたら恥ずかしくて歌なんて歌えない。何をすることなくボケ～と考え事をするしかなかった。同期から見れば私の方が不思議な人だったと思う。

その後も何度となく同期には会ったが、ニコッとするだけで、お互いその話に触れることはなかった。そこで過ごす時間はお互いずっと秘密であった。後輩が入ってくるのはまだまだ先の夏である。暖かい季節になったら別の場所を探さないと。

電話は三分！

当時はまだ携帯電話は無かった。外部との連絡は手紙の他、部隊や当直室に電話がかかってきて取り次いでもらうか、公衆電話でこちらからかけるかである。ＷＡＣ隊舎の二台の黒電話は、外からかかってくる電話でひっきりなしの賑わいだ。切ったと思ったら直ぐにかかってくる。あまりにも繋がらないため、外線電話を受ける電話交換所で、ＷＡＣ隊舎に電話を繋げてもらえるまで待っている人がいるのである。

ある時、駐屯地の近傍で火災が発生し、駐屯地の外柵の樹木まで延焼した際、駐屯地当直司令がWAC隊舎に非常呼集の電話を入れたが繋がらず……当直さんは大変怒られたそうである。怒られた当直さんもどうしようもなかった。当直さんのせいではなく、電話が混んでいてなかなか繋がらないのは日常茶飯事なのだから。

電話がかかる度に当直さんがマイク放送で隊員を呼び出す。友達から電話がかかってくることが何より嬉しかった。

黒電話にはオルゴールが取り付けられており、電話を取りに来るまでオルゴールの音が流れる。ザワザワとした当直室の中で電話を受け、一人当たり許される時間は三分、ウルトラマンのようである。三分以内で終わるように電話の横には砂時計が置かれる。たくさんの人に電話がかかってくるのだからしかたがないのである。

特に新隊員には躾事項として厳しく時間厳守がいい渡されていた。特に用事もない友達が「元気?」とたわいもない話をすると、砂時計を横目に「あ~時間が無くなる、用件だけにして~」と心の中で叫んだものだ。

砂時計が残りわずかになっても、友達は事情を知らないため呑気に話を続ける。当直さんの顔色を窺いながらソワソワする。ウルトラマンのカラータイマーはピコンピコンと点滅中。その度に「ゴメン、また今度電話して!」と慌てて切るのだった。

それでも空気を読めない友達が話を終わらせず、「ごめん、長く話せないんだ。当直さんに怒られるの」と素直に口にしてしまったことがあった。電話を切った途端、「何、今の?

私が意地悪しているみたいじゃない！　電話時間を守ることは当たり前のことでしょ!!」と当直さんに怒られた。はい、その通りです。娑婆の友達には自衛隊の事情なんてわからないので、その度に上手く伝わるように気を使う。

「実家にいた頃はよく長電話をして親に怒られたのになぁ、集団生活って大変だな」と思ったものだ。現代の営内者（自衛隊の中に住んでいる者）は、個人の携帯電話で長電話できていいなぁ。当然のことながら、友達からの電話は徐々に少なくなっていった。

新しい避難場所は公衆電話の列

用事がある時は、手紙か私から公衆電話でかけた。ただ、駐屯地内にある公衆電話の使用も好き放題という訳にはいかない。男子の営内者とＷＡＣを合わせても二台しかない公衆電話。こちらも当然のことながら長蛇の列である。

自分のお金でかけるのだから三分とまではいわれないが、先輩が後ろに並んでいる時には気を使う。

時計と外を気にしながらの会話。電話ＢＯＸ内は電灯で明るいが、外は見えづらい。道路端の暗がりでブロックの花壇に腰掛けて待っている次の人を見落として、長話をしてしまった日にはとんでもないことになる。

電話の順番を待つことにも慣れた。一時間以上待つことも普通だった。電話をかける日には、お風呂や洗濯を早くに終わらせて、列に並ぶ時間を作る。

ある日、気がついた。「電話を待つ列に並んでいれば時間が潰せる！」。物干場に続き新たな避難場所を見つけたのだ。電話に並んでいるかのように見せて、実のところは……。先輩が次に並ぶと「お先にどうぞ」と譲る。先輩には「ありがとう」と喜ばれた。

譲ることをいつも繰り返していると「シロハト一士、いつもごめんね」と、いつの間にか私は先輩に気を使う優しい後輩ということになってしまった。ほんとうは違うのだけれど……ごめんなさい。

暖かい季節になると星空を眺めながら公衆電話の列で多くの時間を過ごした。こんな時代があったことは誰にも話したことはなく、今となっては可愛い思い出である。

ハッピーバレンタイン！

やがてバレンタインの季節、世間はウキウキ気分であった。どこもかしこもお店にはきらびやかなチョコが並ぶ。私の配属された会計隊でもＷＡＣから男性自衛官にチョコをプレゼントする風習があった。先輩達と割勘して全員分のチョコを準備する。この年は先輩が可愛いチョコを選んで買ってきて下さった。出勤時には通勤電車内で邪魔になりそうなくらいの大きな袋にチョコがたくさん入っていた。

朝一番に出勤して掃除やお茶の準備をする私達。まだ誰も来ていないうちに一人一人の机

の上にチョコを置いた。出勤してきた男性隊員はチョコを見つけてとても嬉しそうに、「おっ！　バレンタインのチョコか、ありがとう」と上機嫌である。おじさん方がチョコをもらって喜ぶ姿を初めて見た。あげたこちらが嬉しくなるほどの喜びが伝わってくる。

学生の頃はこんな多くの人に義理チョコを配ったことはなかった。いつもお世話になっている職場の上司や先輩に感謝を込めて配るチョコもあるのだなと、仕事を始めて初のバレンタインにこちらまで嬉しくなったのだった。

現代は、女の子同士で手作りチョコを交換する「友チョコ」という形も流行っているとか。昭和の時代には「本命チョコ」と「義理チョコ」しかなかったように思うが、私には全国の同期から「激励チョコ」が届いた。女の子同士で交換するという意味では友チョコと似ているのだろうが、友達ではない同期からのチョコにとても感動した。私もチョコを贈って、そしてまたホワイトデーに贈り物をするという、不思議なチョコ交換が行なわれた。チョコと共に近況が綴られた手紙が添えられている。「離ればなれになっても忘れてないよ」「ありがとう」。全国の同期とはずっと繋がっている。その味はどのチョコよりも美味しいと感じた。それぞれの土地でみんな頑張っているんだ、私も頑張らないとね！

ホワイトデーには、男性隊員からお返しをいただいた。同僚はグループで、偉い方は個人でそれぞれお返しを準備されていた。中には奥様の素敵な手作りの物もあった。男性陣の間で、ルールや打ち合わせがあるのかないのか知らないが、階級が高くなるにつれてお返しの品が豪華となっているように感じた。これも社会人の？　自衛隊流の？　マナーなのかな。申し訳ないくらいのお返しに、大人の男性って大変なんだなと思ったのだった。

ＷＡＣ隊舎に戻ると、ベッドの上に大量のプレゼントが並んでいる同期を発見。「どうしたのそれ？」思わず聞いてしまう。大量に義理チョコを配ったのかしらと思ったが、そうではないらしい。

彼女は戦闘職種に配属されたＷＡＣだった。女性自衛官の存在が希な部隊において、彼女はアイドル級の人気者だった。チョコをあげていない人からも、もらってくれとホワイトデーのプレゼントが届いたというのだ。

部隊では、悪い虫が付かないように周りがブロックするため、中にはＷＡＣ隊舎に直接、宅配便で届いたダンボールもあった。高嶺の花と何とか縁を持ちたい男性が殺到し、このプレゼントの山を作ったようである。お菓子に小物や装飾品と大きなぬいぐるみが目立つ。全く知らない人からももらったのだと同期は困っていた。知らない人からもらったぬいぐるみを抱いて寝るのは、ちょっと微妙かもしれない。

それにしても凄い量。「どうしよう……片付けないと」先輩に見つかったら何をいわれるかわからない。慌てて手分けして分別する。

腐らない物はロッカーに押し込んで、お菓子はパッケージから出して、食べきれない分は共用の茶器棚に入れて「ご自由に」と貼り紙をしておいた。一度でいいから、こんな思いをしてみたいなとも思ったが、残念ながら私にはそんな機会は訪れなかった。

同じＷＡＣであっても、均等に男性は群がらないという現実を目の当たりにしてしまった。美人はあっという間に売れてしまい、そうでない者にもそれなりに救いの手が差し伸べられるのが自衛隊の良いところである。

ほとんどのＷＡＣが自衛官と結婚し、寿退職をするのが最良とされていた時代。パーマをかけておしゃれが大好きだった私は、新人類と呼ばれ、ＷＡＣらしくなく破天荒に映っていたようだ。

果たしてシロハト桜にも春が来るのだろうか？　未来なんてまだまだ考えられない新米自衛官であった。

妻には秘密の「春ボーナス」

入隊してもうすぐ一年を迎えようとしていた。

三月にはホワイトデーの他に、楽しみがもう一つあった。それはホワイトデーの翌日の三月の期末手当（ボーナス）♪。夏や冬のボーナスよりも小さな金額であったが、ちょっとしたお小遣いとなるため楽しみにしていた。（現在は三月のボーナスは廃止されている）

入隊して初めての春のボーナスで、母に何かプレゼントしようと思い「お母さん、春のボーナスで何が欲しい？」と聞くと、母はキョトンとしている。「春のボーナスって何？」と聞き返された。「えっ……？　何って……」私はうろたえた。

咄嗟に自衛官である父に目をやるも、父はなんともバツが悪そうにしている。なんと！父は母に長年にわたり、春のボーナスを内緒にしていたことが発覚。それに対し母は怒り心頭であった。

父にコソッと聞いてみた「他にも隠してる？」。すると「あれと、これと～」と、出るわ出るわ。「も～、お父さん！」（詳細は、今でも隠している自衛官の方がいて、もしも奥様がこの本を読まれたらご迷惑をおかけするので、省略しておきます）。父からは「おまえ、いうなよ」と懇願された。

いやいや母にはいえないよ、これ以上発覚したらどうなることか。家族の危機となる状況に、母には申し訳なかったが、私は父と自衛官同士の内緒の約束をすることとなった。

我が家は、いただき物があると、真っ先に何でも仏壇へお供えする習慣があった。父の給料袋も例外なく、毎月、母は仏壇へお供えしていた。それを目にする度に「あっ今日はお給料日なのね」と幼い私は思ったものである。

その給料袋の中身は、端数の無い丸い数字のお金が入っていた。今から考えると、自衛隊のお給料は丸い数字ではなく、必ず端数がある。その給料袋は父の手書きであった。

そしてある時、母が「自衛隊って全くお給料が上がらないのよね」と愚痴をいった。すると翌月から急に給料が上がるという不思議な現象が起こる。

この当時はバブル期真っ盛りで、毎年のように給与はうなぎ上りだったはず。母への給料袋にいくら入っていたかは知らないが、自衛隊の給料は、父に限り滅多に値上がりしなかったということにしておこう。

春のボーナス事件は、父が定年退官する年に起こり、母にとっては最初で最後の春のボーナスとなった。何年間、母に隠していたのだろう？　数日後、父は母にダイヤモンドの指輪を買ってきた。「サイズも合わなくて、こんな安物買ってきて」と母は怒りながらも、プレゼントされた指輪を小指にはめて嬉しそうにしていた姿を思い出す。

官舎に住んだことが無いと、こんなこともあるのだ。母は、自衛隊のことを何も知らなかった。残念ながら、女性の自衛官と結婚した男性自衛官は、金銭面は全てお見通しである。ましてや会計科職種となんて、お相手はお気の毒としかいいようがないのであった。

お花見と当直と毛虫……

駐屯地は緑が多い。桜が綺麗な季節となると、近年は一般公開され「桜祭り」が催されるところも多い。昔はまだ一般公開される駐屯地は少なく、駐屯地のお花見は自衛隊員だけの特権ともいえた。

ＷＡＣ隊舎のある駐屯地も、古くからの桜が多く、立派なお花見処であった。休みの日にどこへも行けなかった私は、同期と共に駐屯地でお花見を計画。レジャーシートと飲み物とお菓子を持って、桜の下に陣取った。

見慣れた先輩方は桜には見向きもせずに、新隊員だけが物珍しく桜を堪能する。広い広い駐屯地、休日は車両も滅多に通らない。

たまに警衛勤務の隊員が通るが「お疲れ様です！」と挨拶すると「いいね～、お花見か」と笑顔が返ってくる。女の子だけのピクニックのような、おままごとのような、のどかなお花見。大の字になって寝ても歌を歌っても大丈夫。お酒が入る訳ではないが、たわいもない話で盛り上がり、とても楽しかった。外では体験できないほど桜を独り占めの贅沢なお花見であった。

この頃になると、ＷＡＣ隊舎の当直に就くようになった。事前教育を受け、見習い当直をへてからデビューである。このＷＡＣ隊舎では当直陸曹と当直陸士の二人での勤務であった。

当直陸曹には、陸曹の他に古手の陸士長もふくまれた。私達はもちろん当直陸士である。先輩と二人で半週の勤務に就く。起床時間よりも早くに起きて、寝るのは最後の外出者が帰ってきてからである。

外出時間は最長で夜中の一二時であった。朝早くから夜遅くまで仕事が山のようにある。当直の期間は、会計隊へは遅れて出勤し、夕方は早退してくるのである。朝の仕事は、ゴミを焼却しながら外の掃除から始まる。

桜の季節は、花びらの掃き掃除がとても大変であった。ＷＡＣ隊舎の前にも立派な桜の木が数本あった。その小さな花びらを残さず綺麗に掃除する。とても時間がかかるため、まだ薄暗い時間からせっせと働くのである。「桜が散る時期に当直に当たりませんように」と祈るのだが、そんな甘ったれた考えはバレバレで、新隊員は集中して桜の季節に充てられる。遂には「ＷＡＣ隊舎には桜は要らない」と思ったほどであった。

もちろん桜とて国有財産であるため、勝手に切ったりはできない。また、その後の緑の葉桜の時期には、毛虫が大量発生する。虫の嫌いな私は毛虫が怖くて桜の側に寄ることができなかった。桜の木の裏側は、営門へと続く秘密の近道なのだが、毛虫の季節だけは遠回りでも正規の道を通った。

朝の出勤時には「ダッシュで回ってきます」と先輩にことわり、思いっきり走る日が続く。桜は大変美しいが、よその桜を見るだけが良いと思ったのであった。

お兄ちゃんとお姉ちゃん

私には「お兄ちゃん」と呼ぶ自衛官がたくさん存在する。父の銃剣道練成チームの若手の自衛官である。私が幼い頃からいつも誰かが家にいて、小さな頃はほんとうの兄だと思っていた。皆は私のことを「桜」と呼び捨てにする。

昔々は、「営外（えいがい）」と呼ばれる自衛隊の外で住居を構えることや、「特別外出」と呼ばれる外泊を伴う外出の許可がなかなかもらえなかった。そこで、「結婚して外で暮らしている自衛官の家に泊まりに行く」という名目で外泊許可をもらい週末を楽しむのだ。

しかし、お金の無い若手自衛官は、外出しても行くところが無かった。外泊の当ても無く、ほんとうに我が家に転がり込んだ。私の遊び相手をするだけで、母の美味しい手料理が食べられて、お酒も準備してあって、家のお風呂に入り、テレビも見放題。冷蔵庫だって勝手に開ける。我が家にはそんな若者が入り浸った。

父のことは「先生」と呼び、母のことを「お母さん」と呼んで自分の実家のようにくつろぐお兄ちゃん達。お兄ちゃんがいるとテレビでアニメが見られない。テレビのチャンネル権は私には無く、お兄ちゃんの野球中継へと画面は変わる。

テレビのチャンネル権を争い、お兄ちゃんと喧嘩になることもしばしば。ご飯ができ上がる時間にやってきて、私と母のご飯は突然お兄ちゃんの物に。母と二人、台所でこっそりとひもじい食事をしたこともあった。

しかし、お兄ちゃん達は私の運動会なども見に来てくれた。一番前の席に陣取って、なぜか大家族の応援団だ。ある時は運動を教えてくれたり、ある時は勉強を教えてくれて、お兄ちゃん達がいる生活が普通だった。

我が家の序列は、父、母、その次に私ではなくお兄ちゃん達が偉い。お兄ちゃん達はお客様ではなく家族そのものだった。

お兄ちゃん達は結婚しても家族を連れて我が家を訪れる。歴代のお兄ちゃん達が集うと「桜のオムツは俺が替えたんだ」などと自慢し合い、自分達が私の育ての親のようにいうのである。

お兄ちゃんのお嫁さんは「お姉ちゃん」と呼ばれ、私の姉となり、また家族が増える。ちなみにお兄ちゃんだけではなく、おじいちゃんまでいる。ずいぶんと経って、いつも家にいたおじいちゃんが、父の上司だった人で赤の他人だと知った時はさすがに驚いた。

「客の来ない家はダメだ」という父の方針で、昔から我が家は大勢が集い、賑やかな家だった。その分、母は、大きな子供をたくさん持って大忙しだったと思う。「お母さんがいるから先生は自由にできるんだ」とお兄ちゃん達は口々にいい、母には頭が上がらなかった。そんなこんなで銃剣道練成チームの絆は大変深いものであった。

このような環境で育ち、自衛官となり父のいる駐屯地に配属される頃には、若かったお兄ちゃん達も部隊の重鎮となりつつあった。

当時は、銃剣道は戦技として大変盛んであった。戦闘職種の部隊では、だいたいの人が銃剣道か持続走の錬成チームのどちらかに割り振られ、年間を通して錬成していた。持続走は、年配になると衰えて、管理などの裏方や事務仕事に移るが、銃剣道は武道のためずっと続けられる。すると必然的に、駐屯地では銃剣道錬成チームが幅を利かせる存在となる。血の気の多い戦闘職種の銃剣道錬成チームの親分的存在の父と、その子分のお兄ちゃん達。そんな面々に囲まれて、シロハト桜は成長していく。

お姉ちゃんにも可愛がってもらい、おしゃれも教えてもらった。当時流行ったのは、太い眉毛と肩パッドの入ったボディコンのスーツ、そして「ソバージュ」と呼ばれるパーマの髪形だった。

お姉ちゃんの最先端のおしゃれに魅了されて、私も真似てソバージュのパーマをかけてみたい！ 休みの日に美容室に行って、モデルさんの写真を見せて「こんな風にお願いします」と意気揚々。当然のことながら、自衛官の制服には似合わない髪型だった。

自衛隊法の「品位を保つ義務」に違反しているともいえる髪型。まだ髪が長くなく、パーマをかけると某マンガのラーメン大好きな小池さんのようになってしまった。それでも自分では「いけてる☆」と思っていた。WAC隊舎の先輩は目が点になっていたが、驚くことに何もいわれなかった。

ところが、そこに立ちはだかったのはお兄ちゃんであった。「桜っ!! ちょっと来い！」と、隊舎の陰でご指導を賜る。父は何もいわないが、口うるさい小姑のようなお兄ちゃん達。

「だって、お姉ちゃんと一緒の髪型にしただけだよ～」という私に、「婆婆の人間はいいんだ！」とカミナリが落ちた。新人類といわれるのも当然のまだまだわかっていない私であった。

シロハト桜の親衛隊

ある日、業務隊の宿舎係がふらりと私のところにやってきた。業務隊は会計隊と同じ隊舎で、顔見知りであった。お茶でも飲みに来られたのかと思っていたら、カウンター越しに突然大きな声で、「あんたのお父さんはひどい人だ」とぼやき始めた。

何でも、官舎の一部屋を銃剣道の練成チームが借り上げて、お金を払わないというのである。父達は、なんてことをしているのだろうと私は真っ青になった。しかし、それは銃剣道練成チームの話であって、もちろん私には無関係である。

幹部の方に文句をいわれてとてもショックを受けた。会計隊の人達は「桜ちゃんは気にしなくていいよ」といってくれたが、私はすぐに父に確認の連絡を入れた。

お兄ちゃんに聞くと、実は、その部屋が事故物件であったため、誰も住みたがらなくて業務隊は困っていたそうだ。

そこで提案されたのが、ほとぼりが冷めるまで銃剣道の練成チームに無償で入ってもらい、大丈夫だと証明した後で、普通に貸し出そうと、駐屯地司令からのお願いで借りてあげていたとのこと。

銃剣道練成チームは、お化けにも強い？　お兄ちゃんからは「お父さんは何も悪いことはしていないよ、桜は心配しなくていい」といわれ、安堵したのだった。

しかしそれも束の間、隣の事務所から大声が響き渡った！　お兄ちゃん達が業務隊で暴れていたのだ〜。お兄ちゃん達は「宿舎係だったら、事情を知っているだろう！　桜には関係の無いことだ‼」と大激怒。銃剣道の練成チームの軍団が宿舎係のところに押し寄せて、胸ぐらを摑んで詰め寄った。手を出す寸前で止めて、机を蹴って事務所を後にした。

その直後、バーコード頭を振り乱してネクタイの歪んだ宿舎係が、会計隊の事務所に転り込んだ。「シロハト一士にひとこといったら、こんなになった‼」と悲鳴のような声を上げていた……。

後にお兄ちゃんたちは「今から殴り込みだ！　と○○さんが切れてさぁ」と、武勇伝のように笑う。この事件は、瞬く間に宿舎係から全部隊に発信され、尾ひれが付いて、なぜか話が違う方向に行き、「シロハトさんに手を出したら、銃剣道練成チームが殴りこみに来る」となってしまった（トホホ）。

そして密かに、お兄ちゃん達は「シロハト桜の親衛隊」と呼ばれるようになった。桜の美しい季節を迎え、同期は彼氏ができて春爛漫なのに、この事件以降、長らく私には虫の一つも付かなかったのである。春まだ遠し、シロハト桜の青春であった。

お花見
シロハト
親衛隊
そこまでは…
いやいや

第5章
野山を駆ける会計隊

演習場整備で筍掘り

季節は入隊して二度目のそろそろ新緑まぶしい頃。旧年度の処理を終えて、会計隊は新年度を迎え、なごやかな雰囲気であった。

ある晴れた日、演習場整備に行くこととなった。車で二〇分くらいのところに小さな演習場があり、会計隊もそこの整備が割り当てられていた。大きな部隊ではないため、やれることは知れていたが、草木の伐採や土嚢積みがメインであった。

作業着に「ライナー」と呼ばれるヘルメット姿で三トン半のトラックの荷台に揺られて移動。資材は、草刈機、鎌、ほうき類、「エンピ」と呼ばれるシャベル。エンピは大エンピの他に、携帯用の個人エンピも必要とのこと。駐屯地内の芝生の手入れとは大違いで、「これ

は大変な作業だ」と少し不安になった。でも会計隊のみんなは日頃のデスクワークから解放されて、とても楽しそうだ。

演習場に着くと、どこから作業したら良いのか分からないほど、全部が緑いっぱいの山であった。この人数でどこまでやれるのか……。資材を下ろし、会計隊の面々は、何の指示もなくとも手慣れた雰囲気で、それぞれの持ち場で作業にかかる。「草刈機の側には寄るな」とはいわれたけど、私は何をしたらいいのだろう？　先輩WACの後ろを付いてウロウロと雑用をこなした。しばらくすると「休憩！」の声がかかった。日陰に腰を下ろして水分補給をしていたら、「桜ちゃん、さあ行くわよ！」と先輩が立ち上がる。「え？　もう休憩は終わりですか？」驚く私に、さらに先輩は「携帯用エンピと鎌を持ってきて」と指示。その他の隊員も「さぁて、やるか！」と楽しそうだ。「自衛官って、何てタフなんだろう？」。私は慌てて先輩を追う。しかし先ほどの場所ではなく、山奥へと入って行くではないか。「先輩～、どこに行くんですか？」と聞いても先輩はニコニコしながら「もうすぐよ」という。ゼーゼーいいながら先輩の後を追うと、先輩は「ほら、桜ちゃんの足元にもあるよ」「え？　何？　何？」。足元を見ると、筍《たけのこ》が顔を出していた。

そこは一面の竹林。「わーい、筍掘りですか？」会計隊のみんなも続々と到着し、休憩時間にせっせと筍の収穫。「このために個人用のエンピが必要だったんですね」。筍は想像していたよりも根が深かった。一生懸命に掘って、やっと一本採れた♪　土嚢袋にたくさんの筍を詰めて帰る。

自然の物であっても、一応、筍も国有財産？　であり、私たちは決して筍掘りのために演習場に来たのではない。竹が増えすぎないように間引いているのである。これは大事な演習場整備であり、断じて「筍掘り」ではない（ここ重要）。

帰隊し、資材の整備を終えると、早速筍の山分け。「営外者」と呼ばれる自衛隊外に住んでいる既婚者等は、こぞって筍に飛びついた。奥様へのお土産だ。大きな筍から売れていく。残ったのは小さな白い筍だった。

大きくて茶色の皮の物は、ほとんど竹だと思うのだけど……小さな筍は売れ残っていた。すると「シロハト一士も持って帰れ」といわれた。ＷＡＣ隊舎に住んでいる私に筍ですか？と思っていたら、隊付准尉が帰りに実家に寄ってくれるとのこと。お母さんへのお土産だ♪私は喜んでいただいた。

その日は隊付准尉の車で実家に寄り道。母に筍を渡して料理しておいてと頼む。「また明日の夕方に取りに来るから」とお願いをした。次の日も筍料理をもらいに実家へと寄った。母は、父が演習で食べ残した自衛隊の缶詰を取っておいて、料理に活用する達人であった。筍と牛肉缶詰とを甘辛く煮てくれていた。

翌日、筍を食べられなかった「営内者」と呼ばれる、自衛隊の中に住んでいる独身の隊員に、母の筍料理を差し入れると「美味しい！」と、ペロリとたいらげた。筍と牛肉缶詰のしぐれ煮は、私の大好きな母の思い出の味である。

そんなこんなで、私は初めての演習場整備を終えて、筍掘りも堪能して、頑張った分のお楽しみを味わったのであった。演習場整備、万歳☆

駐屯地記念日のお弁当の秘密

そんな中、駐屯地の記念日が間近となり、会計隊は準備に大忙し。私にとっては初めての所属駐屯地の記念日である。これまでは、教育隊時代に武山駐屯地の記念日に参列しただけで、自分の駐屯地での記念日はまだ経験がなかった。記念日の楽しみといえば、普通の人ならばパレードや模擬戦がメインなのだろうが、私は出店の美味しい物巡り！　ここの駐屯地は、どんなお店が出るのだろう？　とワクワクした。

当日は、会計隊にはＯＢの方が集い、おもてなしをするらしい。準備は、意外と大掛かりであった。机上の物を全部取り除いて、事務所内の事務机や書類棚等を大移動して、中央に集め、宴会用の大テーブルを作る。

一般的な会場作りであれば、折りたたみ式の長テーブルを並べれば良いのだが、元々、事務所内には事務机がひしめき合っているため、その机を片付けるスペースが無いのだ。

中身の入った重い机を動かす。若干、高さの違う机もあるが、そんなの気にしてられない。集めた机の上に、白いテーブルクロスをかけて出来上がり。そして、掃除をして床にワックスをかけて、乾くのを待つ。何事も無ければ、のどかな時間が過ぎる。

ただ、それは記念日前日からの準備のため、当然平常業務である。電話もかかってくるし、普通に仕事がある。机の上には何一つ物は無く、テーブルクロスで覆われる中、電話が鳴ると、隠した電話を探して「どこで鳴ってる？」と慌てて電話を探す。

机の下で鳴っている時には、潜り込み、床に座り込んでの電話対応。書類を捜すのも一苦労だ。当分の間、床の上で仕事しなきゃ。あくまでも会計業務に邁進する、誰にも見せられない姿だった。

私たち会計隊も式典に参列するのかと思いきや、諸隊は参列しないとのこと。駐屯地の小さなグラウンドでは、見栄えのする戦闘部隊だけで十分であった。駐屯地の記念式典だが、諸隊からは、隊長や幕僚、隊旗さえも参列しないそうだ。これは駐屯地の諸事情により、それぞれである。

しかし、駐屯地の記念会食場の支援や、駐屯地の庶務班での接遇等の作業人員の割り当てはあった。私たち新隊員は、まだ駐屯地の支援には出ずに会計隊でお客様の接遇だ。

当日は、式典が終わると会計隊ＯＢの方々がたくさんみえた。今年の新隊員として紹介されて、笑顔で接遇する。ＯＢの方々は、お酒も入って楽しそう。時々お酌もして飲み物やおつまみの追加に気をつける。

昼食時になると、交代でお弁当を食べる。これまでも厨房整備の日などにお弁当が出る日もあったが、これは普通のお弁当だった。しかし、記念日のお弁当は、今まで見たことがないほど豪華であった。紅白の紐で結ばれた、ずっしりとした二段重。おまけに缶のお茶と紅白まんじゅうまで付いていた。

「キャーすご〜い☆」私は歓声を上げた。「早く食べろよ」といわれる。勤務があるからハイスピードで食べろといわれているのかと思ったが、どうも違う。消費期限のことをいっているのである。

記念日には、入札でお弁当業者を決める。近隣のお弁当業者さんは、どこも似たような規模の田舎の工場だ。お弁当の数は、駐屯地の隊員数に加え、他駐屯地からの支援部隊や来賓などのお客様の分。日頃の営内者の人数とは比べ物にならないほどの数である。

工場は滅多にない大量発注に、てんやわんやの忙しさだろう。仕込みは、きっと数日前から行なわれているはず。お弁当の消費期限はギリギリを設定しているであろうことは容易に想像できる。

消費期限を一分でも過ぎたら、自己責任である。会計隊では、そんな業者さんの実情を検査するため、記念日当日の朝の四時頃に、契約班長等が工場に赴いて「業態検査」を行なっている。衛生面などを確認する検査である。

しかし、消費期限の他に、受け取った側の保管状態もお弁当に影響する。そんなに大量のお弁当を入れておく冷蔵庫は、どこの部隊にも無い。夏場ではないが、ダンボール箱に入った大量のお弁当は、風通しもどうにもならないのが現状だ。

当然のこととして、「記念日のお弁当は早く食べろ」となる。しかし、中には勤務の関係で消費期限に間に合わない者もいる。

大概の自衛官は、屈強なため、少々のことではお腹を壊さない。食べ物を落としてもすぐに拾ったら大丈夫の三秒ルールも普通のことだ。三秒以上でもきっと大丈夫だと思う。それでも稀に、体調が優れなかったりすると、お弁当に当たる者も出る。そんな時でも大問題となることは無い。「やーい、当たった」と笑われるだけだ。屈強な自衛官がお弁当に当たるということは、消防署が火事を出すのと同じくらい恥ずかしいことで、少々お腹が痛くなったくらいでは誰も何もいわないのである。

しかし、それが来賓のお客様だった場合は別である。

自衛官は大丈夫でも、娑婆の人は完全な食中毒である。その人数が多い場合は、さすがに保健所が入る。あまりにも多い場合は、報道となるのであろうが、そこまでは行かないことが多い。そして、業者に非があると判断された時には、程度により違約金の発生や、入札停止の処置が取られるのである。よくあることといったら語弊があるかもしれないが、そんな駐屯地は珍しくはない。

戦車の空包で涙目に

お弁当をすっかり平らげて、休憩時間に出店に行ってみた。しかしもう既に何も残っていなかった。駐屯地の出店は、なぜかいつも早くに売り切れる。

もっとたくさん準備しておけば良いのにと思うのは私だけであろうか？　隊員がボランテ

ィアでお店を出しているため、たくさん仕入れて売れ残りが出たら困るためであろうが、ちょっと残念なところである。お客様をもてなす側であり、自分の駐屯地の記念日は楽しめないということを初めて知った。

当然のことながら、そうなることを先輩方はご存知であった。

実は前日に式典の総合予行を見せていただいていた。武山駐屯地の記念日に参列したことしかなかった私は、初めて見る式典に感動した。予行といっても、本番と変わらぬ気合の入れよう。祝辞が省略されるくらいのもので、小さな駐屯地ではあったが大変素晴らしく「自衛隊ってカッコイイ〜」と思った。

その中で一番印象に残っているのは、本物の戦車を初めて見たことである。当時だと七四式戦車だったろう。近隣駐屯地から一両だけ展示支援に来ていたのだ。

目の前を大きな戦車が走る。大きな重い車体なのに、自由自在に前後左右に傾けることの出来る姿勢制御のデモンストレーションを見てとても驚いた。

「戦車って、こんな動きが出来るんだ!」、カッコイイと思ったのも束の間、砲塔をグルリと回し、砲口が私の正面に来た時、ものすごく恐ろしかった。砲弾は出ないと分かっていても恐怖感で縮み上がり、思わず「キャー」と叫んでいた。

砲の向きを変えると、戦車は空包を撃った。雷も小銃射撃の音も大嫌いな私。花火大会の打ち上げ花火の音さえ苦手である。とにかく全ての大きな爆発音は苦手であった。戦車が空包を撃つなんて知らず、隣の人との話の最中にいきなり「ドカーン!」。あまりにもビビリすぎて、その後のかっこいい模擬戦を見ても、怖くて怖くて、涙目のまま会場を後にした。

会計隊に戻り、私が喜んでいるだろうと「どうだった? 良かっただろ?」と声をかけられるも、なんだがドヨーンとした気持で「怖かったです……」と返答。きっと相手は?? だったたであろう。トラウマかしら? 今でも、戦車は怖い。そんな私がいつかの将来、東富士演習場の総合火力演習に行くこととなるなんて、この頃はまだまだ知るよしもなかった。

駐屯地の「お袋の味」

自衛隊生活二度目の梅雨明け間近を迎え、本部班の庶務業務に邁進する日々。未だ私は会計業務に就いておらず、教育隊でせっかく学んだ会計業務も忘れそうになっていた。

同じ会計隊に配属された同期は、契約係として会計業務をバリバリこなしている。「私はいつになったら会計業務が出来るのだろう?」来る日も来る日も文書の授受整理と、「食需伝票」と呼ばれる食事の申し込みの書類作成。合間には常にお茶汲みばかり。

職務には変化はなかったが、駐屯地には、教育隊の男性新隊員も加わり、元気な声が響いている。食堂の行き帰りには、後輩に当たる新隊員から敬礼され、答礼をしては少し気恥ずかしい気分。しかしＷＡＣの後輩はまだまだ入って来ず、下積み生活は長く続く。

食需伝票を持って、「糧食班」と呼ばれる厨房の隣りの事務所に行くのが日課であった。糧食班の事務所は、食材のためなのか空調が効いていてとても涼しい。当時はまだ駐屯地にクーラーは無かった。唯一の涼みの場として、天国に来たかのように幸せだった。糧食班長は定年間近のおじいさん。栄養士さんもおばあさんで、とても優しかった。行く度に、「ゆっくりして行きなさい」と試供品や残り物のジュースなどをご馳走になった。

駐屯地の食事は、カロリーや予算は決まっているが、それぞれの駐屯地の特性や栄養士さんの好みで変わる。例えば、大きな教育隊や戦闘部隊が多い駐屯地では、若者向けの揚げ物などのメニューが多く、レトルトなどを活用し、簡単な調理で大量に作れる物が多い気がする。

反対に「営内者」と呼ばれる自衛隊内で生活する者が少ない小さな駐屯地では、比較的、家庭的な料理が出る。

私の駐屯地は普通くらいの規模だが、おばあちゃんの栄養士さんだったので、いわゆる

「お袋の味」系のお料理が多く、レトルトではないしっかりとした手料理だった。一番美味しかったのは、煮魚と天ぷら。「どうしたらこんなに時間が経ってもパリパリの天ぷらが作れるのだろう?」家や外食で食べたことのないお料理も多く「どうやって作るのだろう?」とよく思っていた。

いつものように糧食班に出向いて、栄養士さんに「昨日のお料理がとても美味しかったです」と話しかけると、栄養士さんはとても喜ばれた。「どうやって作るのですか?」と聞くと、栄養士さんは大まかな作り方を教えて下さった。

「これなら私にも作れそうです」すると、栄養士さんが「ちょっと待ってて!」といって何やら作っている。私に手渡されたのは、材料と分量のレシピだった。ただ……その分量は、駐屯地の喫食者数の何百人分もの分量で、材料は分かるものの、家庭で作る分量ではなかった。

「これじゃあダメね……」と栄養士さんも苦笑。次回に来るまでに私のために、四人分くらいのレシピを作って下さるとのこと。「栄養士を何十年もやっていて、美味しかったからレシピを教えて下さいといって来たのはシロハトさんが初めてだった」と栄養士さんはとても喜んでおられた。

こうして、私は美味しいお料理をいただく度に、栄養士さんからレシピを教えてもらい、いつの日かの嫁入り道具となることを夢見た。我が家には、未だに栄養士さんのレシピがたくさん残っている。

暑さに耐えるのも訓練のうち?

糧食班は涼しかったが、クーラーが駐屯地に広く普及するのは、まだまだ先の未来の話である。昭和の終わりには、まだ「地球温暖化」という言葉は無く、現在の「熱中症」も「熱射病」と呼んでいた時代。とはいっても夏はもちろん暑かった。民間の施設や家庭でもクーラーは普及していたのに、自衛隊には無縁であった。

会計隊の事務所は、制服勤務で涼しそうなイメージであろうが、実は扇風機の風で書類が飛んで仕事にならないため、扇風機を止めることもしばしば。腕の汗で書類が引っ付いて、ポタポタと汗が流れる。男性陣は上衣脱衣の許可を得て、U首の白シャツで仕事をしていたが、WACはさすがに脱ぐ訳にいかず、蒸し風呂状態の中、ひたすら耐えるのであった。

夜は夜で、もちろん居室にはクーラーなど無い。二段ベッドで一〇名ほどが鮨詰め状態の部屋の中に、背の高い扇風機が一台。扇風機の風が届くのは先輩のところだけ。二段ベッドの上にいる新隊員の私達は、とても暑かった。

暑さで眠れず、夜中にコソッとベッドを降りて、扇風機の首を上に向ける。束の間の幸せを感じ、いつの間にか眠りにつくが、朝になるといつも何故か扇風機の首は下を向いていて、朝から寝汗でビッショリ。

今から考えると、あの暑さの中でよく耐えていたなと思う。現在は、事務所や居室には基本クーラーが常備されている。ただ集中運転の場合は、時間帯の制限がある場合が多い。自衛官だから有事の際に備えて暑さに耐えるのも訓練のうちなのかもしれないが、自衛官であっても人間だから暑さは感じるのである。

腐ったおにぎりで大騒ぎ

そんな暑さの中、私たち通勤組は、前日の夕方に翌日の朝食を受領する。朝が早いため、住んでいる駐屯地でも会計隊のある駐屯地でも、朝食の時間帯に間に合わず、携行食としてパンやおにぎりが配られていた。

ある日の夜のこと、食べ盛りだった私は、明日の朝食のおにぎりがどうしても食べたくなった。そして「明日の朝は何か他の物を食べよう」と、内緒で食べてしまった。

次の朝……そのおにぎりが腐っているとのことで「食べないように！」との伝達があった。私は「もう食べてしまいました」と先輩に報告した。「桜ちゃんが食べちゃった！」と先輩は大慌てである。でも恥ずかしくて前日に食べたとは、いい出せなかった。前日だったから、当然のことながらおにぎりは腐ってはいなかった。

部隊に着くと、腐ったおにぎりを食べたとして、既に通報が行っていた。トイレで席を立つ度に「シロハト！　大丈夫か？」と心配して下さる会計隊の皆さんに「全く大丈夫です！」と元気さをアピール。

ただ、その日、私は体にダルさを感じていた。それは、暑さによる寝不足と寝汗により夏風邪をひいていたからだった。そしてしんどいなぁと思っていたが何もいわなかった。なぜなら、医務室で受診をすると週末の外出が出来なくなるからである。

受診したり休んだりすると、「外禁」と呼ばれる外出禁止が言い渡される。何が何でも週末の唯一の楽しみである外出がしたい。何のために仕事をしているかと聞かれれば「外出です」と答えられるほど、営内者は外出に命をかけている時代であった。

平日は外出出来ず、週末の外出も全員が出られる訳ではなく制限があった。先輩二人と新隊員二人の会計隊のWAC営内班では、新隊員二人だけで残留当番を回していた。半ドンで仕事のある土曜日と、丸一日休みの日曜日。同期と話し合いで残留を決める。

どちらかが「特別外出」と呼ばれる外泊を伴う外出をすれば、もう一人は土日とも残留であった。滅多に外出が出来ない状況、体調不良ごときで外出を無駄にする訳にはいかなかった。これは、最初から自衛隊の外に住んでいる幹部自衛官にはきっと理解できない気持であろう。「風邪で高熱が出ているみたい……誰にも見つかりませんように」

前年の新隊員教育隊でも夏風邪をひいた。その時に、同じく高熱を出していた同期は肺炎と診断されて、手厚い看護を受けて、ゆっくりと休養することが出来た。一方、少しの差で単なる風邪の私はぞんざいに扱われ、肺炎患者との扱いの差を痛感した。会計隊に来てからも、冬に風邪をひいた際、同じく高熱を出していた先輩は「気管支炎」と診断され、単なる風邪の私とは出勤停止の休みの診断が二日間も違ったことがあった。

熱が下がったばかりでヘロヘロの私と、気管支炎までなって治りかけの先輩。どう見ても先輩の方が元気そうであった。先輩曰く、「単なる風邪で休んだら損するわよ。どこまで我慢すれば気管支炎になれるか、桜ちゃんもいつか分かるようになるわ」と微笑んだ。同じ風邪で休むなら、気管支炎か肺炎になるまでもう少しの我慢。私の中で芽生えた変な思い。「でも週末の外出のためには、そんなことくらいじゃ休んでられないのよ〜!!」と気合を入れる。

だが目も血走って、体はふわふわ雲の上を歩いているよう。先輩が「あれ? 桜ちゃん、どうしたの?」と気付いた。「いえ、何でもありません」と逃げるが、先輩はサッとおでこに手を当てた。「うわっすごい熱! 大変、桜ちゃんが〜!」と大騒ぎ。あ〜あ、バレちゃった。

ただ、皆が慌てたのは「腐ったおにぎりを食べた（と思われていた）者が高熱を出している」ことであった。もちろん、腐ったおにぎりは食べていない。私自身は、まさかおにぎり事件で皆が慌てているとは気付かず、言われるままに素直に医務室に行った。

医務室も「食中毒患者が高熱を出している」と大慌てである。フラフラの私に「大丈夫か? しっかりしろ! 吐き気はないか? お腹は痛くないか?」と大声で問いかける。ベッドに寝かされ、薬を渡された。

数分後……お腹が急に痛くなる。解熱剤だと思って飲んだのは、どうも下剤だったようである。風邪に追い打ちを受けた形になった私は、高熱の体を引きずって、部屋に隣接したトイレへの往復……。

一段落すると、睡魔が襲ってきた。ブラインドが下りた静かな医務室内の一室。涼しい空調が効いており、とても心地が良い。私は気を失うように眠ってしまった。目覚めた頃には、熱もすっかり下がっていた。

結局、おにぎりを前日食べたことは恥ずかしくて言えずじまいで、心の中で申し訳なく思った。まだまだ可愛いシロハト桜であった。

シロハト一士、陸曹を怒鳴りつける

未だ後輩が入ってこないWAC隊舎では、先輩のご指導から逃れるための避難生活が続いていた。初夏ともなれば、外の風は涼しく、電話BOXの行列に並ぶフリも快適となりつつあった。

毎晩のように、電話BOXの前にいると、諸々の電話BOX事情が見えてくる。「あ〜、あの先輩は彼氏が出来たなぁ」とか、「あの先輩は親孝行だな」等。隊員の様々な思いを繋ぐ公衆電話には、いつも長蛇の列が出来ていた。

駐屯地に二つしか無い電話BOX。その一つをいつも長電話で独占する男性の陸曹の隊員がいた。どれだけ次の人が待っていても、全く気にしない。毎日続く横柄な態度に「陸曹なのに……」と思った。

一等陸士であった私にとって、雲の上のような先輩ではあったが、納得出来ない思いは募っていく。

どうしても電話をしなければいけない日があった。いつもは先輩に譲るだけだが、今日はほんとうに列に並んでいる。部屋に帰らなければいけない時間まで後五分。前に立ちはだかるのは、あの男性の陸曹である。

いつものように、後ろに並んでいる人のことは眼中にも入れず、ずっと長話をしている。後三分、私の後ろにいた先輩達はみんな諦めて帰っていった。

残り一分……全く動じないその姿に、シロハト一士のそれまでの思いが爆発！　電話BOXのドアを思いっきり開けて、中の男性に「いい加減にして下さい！　みんなの迷惑も考えて！」と怒鳴ってしまった。

男性は目が点であった。そして私の方も逃げるようにWAC隊舎に駆け込んだ。心臓がドキドキしている。悔しいやら恐ろしいやら自己嫌悪のような、よく分からない感情が交差する。

次の日の夕方になると噂になっていた。

「昨日さぁ、男子の陸曹が電話BOXで一士のWACに怒鳴られたらしいんだけど、誰かなぁ？」と先輩達は話している。「ヤバイっ、私だってバレたらきっと怒られる」陸曹に一士が怒鳴るって、あってはいけないことである。

「電話BOXにいつもいる一士って……えっ？　もしかして桜ちゃん？」「えっ？　でも桜

暑〜〜〜
いい加減にして下さいっ!!
ガ゛ラ゛

ちゃんは、怒鳴ったりしそうに無いよね？」

話の輪から、そ～っと離れようとした時、「ね～、桜ちゃん、昨日の電話ＢＯＸの話、知ってる？」と先輩に声をかけられた。ドキッ！　血の気が引いた。「え～と……あの、その……」「えっ？　まさか桜ちゃんじゃないよね？」。先輩の問いに「スミマセン、私です」と頭を下げた。怒られる～。

すると、「ほんと？　桜ちゃんなの？　ありがとう!!」と先輩はとても喜んでいる。怒られると思っていたのに、何が起こったか一瞬、分からなかった。

「先輩、怒らないんですか？」と恐る恐る聞いてみると「何をいってるのよ、あいつをやっつけたヒーローは誰かって探してたのよ」という。私は、電話の順番を譲ってくれる優しい後輩から、悪者を撃退した英雄へと格上げされた。きっと怖いもの知らずの一士だったから出来たことであろう。

それからというもの「桜ちゃんは、あ～見えても怒らすと怖いのよ」とか「あ～見えてもしっかりとしている」と、自衛隊生活でいわれ続けた。

ところで、皆さんのいっていた「あ～」って何だろう？

のどかだった野外演習

季節は自衛隊生活二度目の初夏、草木も伸びて自衛隊は訓練真っ盛りの時期である。会計隊も例外ではなく訓練があった。

当時は大きく二種類の訓練があり、一つは会計科職種の実務競技会に、もう一つは野山での演習である。野外での訓練は方面会計隊長による検閲と、その地区近傍の小さな会計隊が寄り集まって行なうブロック訓練があった。

初めて参加した演習は、ブロック訓練であった。会計隊といえど自衛隊、一年に一度くらいは野山での演習もあるのだ。しかし元来、事務仕事がメインの会計隊、正直にいって野山での演習は得意ではなかった。

それでも「やることに意義がある」とばかりに、最低限の課題をこなしつつ、和気あいあいと楽しもうというような雰囲気であった。

昭和の時代は、会計科職種に求められる野山でのスキルは、自衛隊内ではさほど期待されていなかった印象であり、訓練もまだまだのどかであった。

私たちの会計隊のブロック訓練は、駐屯地から二〇分ほど車で走った小さな演習場で行なわれていた。その演習場に入るには、民間の採石場を通らなければならない。

自衛隊感情があまり良くなかったその地域では、演習場に入るにも悶着が多発した。採石場の大型ダンプが自衛隊車両に嫌がらせをするのである。

大部隊が通るときは大丈夫であるが、会計隊のような小規模な一行は、毎度のようにやられるのだ。

ある時、いつものように道を譲らず嫌がらせをする民間車に切れた隊長が、怒りのままに

「ライナー」と呼ばれるヘルメットを脱ぎ捨てて、ジープを降りて怒鳴った。体格が良くスキンヘッドの隊長は、見るからに怖かった。どこぞの組の人のような迫力があり、ダンプの運転手は慌てて道を譲った。

現在の自衛隊は、公務員という立場で低姿勢の爽やかなイメージであるが、昔は民間人との喧嘩も多かった。

特に酔った勢いで夜の街で暴れたなどはよく聞いたことである。「自衛隊のくせに」といわれ、世間では自衛隊のことを「三K＝キツイ、汚い、危険」と評していた時代であった。ちなみに五Kという言葉もあり、五Kの場合には、「臭い、給料が安い」が追加されたそうである。

今に比べると、自衛隊の社会的評価は大変低かったように思う。私の駐屯地では制服や戦闘服での通勤は禁止であった。以前に自衛官だというだけで、一方的に殴る蹴るの暴行を受けた事件があったからである。

もちろん地域性はあったと思うが、振り返ってみれば学生時代、授業中に先生から「シロハトさんのお父さんの職業（自衛官）は良くない」と、皆の前でいわれたのを思い出す。

自衛隊に対し批判的であったり、べっ視したり、何かと敵意を向ける人も多かったと思う。自衛官の人権がないがしろにされていたような時代であった。そのため民間人とのトラブルも多かったのである。

スイカは入れたか？

野外での訓練に不慣れな会計隊ではあるが、会計科職種の者の中には、陸士の頃は戦闘職種であったが、陸曹になる時に会計科職種に転科してきた者がずいぶんといた。

その転科組が「昔取った杵柄」とばかりに、演習になると大変張り切って生き生きと皆を先導した。久々の演習にワクワクしている様子が伝わってくる。

演習準備の段階から既に大騒ぎである。会計隊前の道路上に大型トラックを横付けすると、荷物の積込みだけで他部隊が「おっ？　演習か？　会計隊、無理するなよ」と冷やかす。

そして「怪我せずに帰ってこいよ」と少し心配するそぶりを見せた。実は会計隊が珍しく訓練をすると、必ずといっていいほど何かが起こっていたからだ。

まずは演習場の割り当て調整にしても、戦闘職種に配慮しながらお願いする形であった。戦闘職種にしてみれば、演習場は我が聖地。「会計隊なんて訓練したって……」と、やや邪魔者扱いであった。

演習には銃や各人の装備品の他に、寝具等の宿泊セットから、バーベキューの道具までてんこ盛り。次々と手際よく積載されていく。会計隊には、バーベキューの網やブロックまで完備してあった。

年末には餅つきの杵と臼が出てきて、夏にはバーベキューのセットが出てくる。なんて素敵な会計隊なんだろう☆。今度は「スイカは入れたか？」との声が聞こえてきた。「わぁ！スイカも持って行くんだ」と、スイカが大好きな私は喜んだ。バーベキューの後にはスイカ割り？ スイカッ♪、スイカッ♪、とワクワクしながら、いざ演習場に向け出発だ！

毎回何か起こる会計隊の演習

演習場には、近隣の会計隊が集結していた。一年ぶりに同期にも会い、業務学校（現在は小平学校）で同じ時期に入校していた他の課程の方々とも久々の再会を果たした。「桜ちゃん元気だった？」「シロハト君、頑張っているか？」などと声をかけてもらい、お土産交換をして楽しい同窓会のよう。部隊に配属後も業務学校でのご縁は続き、他部隊の知り合いがいて、とてもありがたいことであった。

訓練は昼間から始まり、昼の間は歩哨訓練がメインである。掩体を掘った後、会計隊の展開地域に対する偵察や襲撃を警戒するという状況の訓練である。しかし、内容的には新隊員前期の教育でやったようなレベルの訓練であった。

元戦闘職種だった隊員は、ここぞとばかりに張り切り、かっこいい姿を披露していた。その動きは、やはり最初から会計科職種の者とは雲泥の差であった。それでも私達は野外でしかできない訓練にいそしんだのであった。

初めて参加した演習は、演習場の割り当て調整がつかず、しかたなく戦闘職種が演習をしている中に会計隊もいるという状況で、よその部隊にお邪魔させてもらった形だった。戦闘職種からは「邪魔だけはするな」といわれていたのにも関わらず、開始前から演習場のど真ん中で大型トラックが泥の中で動けなくなってしまった。わざとではないが……どうしようもなくなった会計隊は、しかたなく戦闘職種にSOS。

演習中の戦闘職種は、状況を中止してトラックの救出に駆り出された。

「だから邪魔だけはするなといっただろう！　これだから会計隊はっ!!　隅に行け～」と、もちろんおもいっきり怒られた会計隊集団であった。

別の演習の時には、夜中に行動秘匿のために無灯火でトラックを走らせていた時。後ろにジープが止まっているのに気づかず、トラックがバックをした際に、ジープを谷底へ落とす事故が起きた。

ジープには、検閲官の方面会計隊長が乗っていた。ガシャーン！　の音で驚いた時には、ジープはゆっくりと横転しながら谷を落ちて行った。幸いに中に乗っていた方面会計隊長は無傷だったが、ジープは廃車。当然のことながら「状況中止」で演習は途中で終わった。

その他には、最終段階で敵に突撃をするという状況で、突撃前に状況終了の予定が、熱くなった若手幹部が先頭を切って、敵役が空包を撃っている目の前にほんとうに突撃して突っ込んで行ってしまうこともあった。

「バカヤロー！　何やってるんだ！　危ないだろう！」と怒鳴り声。空包といえど、至近距離での射撃では怪我をする。即刻状況中止となり、またまた最後まで演習は行なえなかった。装備品を紛失した時には、すぐに状況を中止して捜索開始。大捜索の末に、その装備品は見つかったが、演習の時間は終わってしまっていた。そして必ずといっていいほど、誰かが怪我をした。

やっと無事に終わったと思い駐屯地に着いてホッとしたところ、ガスマスクが無いことに気付いて、慌てて演習場まで探しに帰った時もあった。

かつて最後まで平穏無事に終わった演習があっただろうか？　と覚えがないほど、毎回何かが起こった。自衛隊の中においても、職種によって得手不得手の分野が色濃くあった時代であり、持ちつ持たれつお互いにフォローし合う時代であった。

演習の夜はバーベキュー☆

通常、演習は数日間にわたり、夜間も含め一連の状況をこなす。そのため、一泊二日などとはいわずに、一夜二日と数える。しかし、会計隊の演習は完全に一泊二日であり、宿泊は、演習場内にある「廠舎《しょうしゃ》」と呼ばれる簡易な小屋に寝泊まりした。

廠舎には、備え付けの古びたマットレスや毛布があったが、かゆくなるので使わなかった。部隊からはシーツと寝袋を持参し、個人で持っている者は折りたたみベッドなども持ち込んだ。

廠舎によってはベッドが備え付けてある場合もあるが、そこの廠舎は一段高い粗末な板の間が広がっているだけ。板の間の一角を幹部の方とWACのスペースとして割り当てて、その他の男性陣はお好きなところにどうぞであった。着替えをするわけでもないため、間仕切りも何も無く、全員でザコ寝状態である。

　無事に夜を迎えると、お楽しみのバーベキュー大会が待っていた☆。食材豊かに楽しい宴の始まり始まり。

　お酒も入り盛り上がる。WACは焼き係かと思っていたが、どこにでも必ず「奉行」がいて、焼き加減のうんちくをいいながら鉄板を仕切って下さった。私達はバーベキューを頬張り、至れり尽くせりの待遇であった。

　さて、「スイカ割りはいつするのだろう？」、私の頭の中はスイカでいっぱいであった。

「スイカを食べられるようにお腹は八分目に

してておかなくっちゃ」「早くデザートにならないかな?」。

しかし、スイカはなかなか出てこない。もう食べられない〜。それでもスイカは別腹である。全く姿の見えないスイカ。「あの……スイカはまだですか?」と意を決して聞いてみた。「ん? スイカ?」皆は不思議そうな顔をしている。「出発の時に〇〇三曹が、スイカ入れたか? って聞いてましたよね?」というとゲラゲラと笑われた。

「あれはスイカじゃなくて水缶」。私はポカンとした。「スイカン?」私はまだ「水缶」という自衛隊用語を知らなかった。水缶とは、水入れて持ち運びする、灯油を入れておくようなポリタンクのことだ。

色は自衛隊用の暗い緑色。残念ながらスイカにはありつけず、膝から崩れ落ちるシロハト桜であった。「スイカを楽しみに頑張ったのに〜」。

自衛隊用語は少しずつ覚えていった。水缶の他には、煙缶(えんかん)は灰皿のこと。飯缶(ばっかん)は食料を入れる金属製の大きな入れ物。エンピはスコップのこと、物干場(ぶっかんば)は乾燥室のこと。缶飯(かんめし)は缶入りのご飯のこと。ドラッパチとは、野外電話機用の電話線を巻いたドラムリール。あとは何があったかな? 覚えたての言葉を連呼しては、バリバリの自衛隊員になったような気になったものだ。

ただし現代においては、このような演習場でのバーベキュー風景は滅多に見られない。風紀が厳しくなったのもあるが、演習場が過密化しており、「バーベキューなんかしていないでさっさと空けろ!」といわれる。

そして現在では、会計科職種においても、野山での高いスキルが求められ、本格的な訓練が行なわれている。しかし、それは方面隊ごとでの置かれた状況の違いや、方面会計隊長の意向が大きく作用し、その時々で違いがあるのが現状である。

時には、業務用の大きな天幕を埋めて偽装しなければいけないような状況が与えられることもあるそうだ。機械を持たない会計隊は、ツルハシとエンピの手掘りで一日がかりで穴を掘る。演習の大半が穴掘りで終わることもあるらしい。昭和の時代を知っている者は、「あの頃は楽しかったなぁ」と懐かしむ。

また、会計科職種の中には、「会計隊が、こんなことをしなければいけないような状況になったら、日本は末期状態である」とぼやく者もいるとか、いないとか。全ての職種において一律に精強化し、さらなる飛躍を求めているように感じる今日この頃である。

山の夜は寒く、ストーブを囲み、皆で缶詰のウインナーをストーブで温めて食べた。良い香りが廠舎内に漂った。「缶詰のウインナーって、こんなに美味しいんだ」と感動した。ストーブの赤い炎が揺らめく中、お腹がいっぱいになり眠たくなる。

そしてそろそろ就寝時間。明日の朝は帰隊準備で早いぞ。お風呂も入らず、作業着のまま寝袋に滑り込み、眠りにつくのであった。これもまた、普通のＯＬさんには経験の出来ないことだったと思う。今日も一日お疲れ様でした。おやすみなさい……。

第6章　駐屯地の営内生活

新隊員「焼肉パーティー」事件

部隊に配属されてもうすぐ一年となる。まだ後輩は来ず、ＷＡＣ隊舎での先輩からのご指導は毎日のようにあり、避難生活は続いていた。

しかし、下積み生活の中でも楽しみはたくさんあった。ほとんど外出ができない私たち新隊員は、週末になると「娯楽室」と呼ばれる部屋に集まった。

娯楽室は、上がり口から床が一段高くなっている畳敷きの部屋である。自衛隊の隊舎の中に畳敷きの部屋があるのは少し意外かもしれないが、現在も多くの建物に存在する。

ただ、娯楽室は基本、営内者のための生活施設の一部である。

昔は職場と営内（生活する場所）が一緒であったため、各隊舎には必ずといっていいほど

畳敷きの部屋があったが、現在は職場と生活隊舎が分離されており、職場のみの隊舎には娯楽室は無い。ちなみに女性自衛官教育隊の娯楽室には、お茶の作法のときに使われる炉が切ってある。

娯楽室と聞けばとても楽しそうな部屋のように思うかもしれないが、定番の備え付けは、テレビと囲碁や将棋やオセロのセットくらいで、ラジカセがあれば良い方だった。特に何も無い小さな部屋である。それに加え、昔々の人達が置いていったと思われる日本人形やこけし等が飾ってある場合が多く、ちょっぴり怖い時もあった。

昔々は唯一テレビがある部屋として賑わっていたようだが、昭和の終わりには各居室にもテレビが普及し、誰も来ないからのんびり出来るとして、固定の人が利用する部屋となりつつあった。

そこで、食べ盛りの私たち新隊員は焼肉パーティーを計画した。先輩方が外出をして誰もいないＷＡＣ隊舎で思う存分舌鼓だ♪。ＷＡＣ隊舎には、立派な「家事室」と呼ばれる台所があり、食器や鍋や包丁など全て揃っていた。お嫁入り前の女子がお料理の練習をするのである。

そこは男性隊員の隊舎とは違った所であろうか？（現在は男性隊員の生活隊舎にも「調理室」があるそうです）

私も炊飯器やホットプレートを持っていた。営内者は食事が三食付いているにもかかわらず、わざわざ作って食べるのは何故かというと、休みの日に隊舎の外にある食堂に行くために、着替えをして、お化粧をして食事の列に並ぶのが面倒だからである。

焼肉パーティーのための買い出しは、通勤組の私達が請け負った。金曜日の帰り道にスーパーに立ち寄り、お肉を買って帰る。土曜日の午前中、先輩方が少なくなってから行動開始！

娯楽室は二階にあり、当直室は一階だ。人知れず娯楽室では新隊員の焼肉計画が進行していた。せっせと野菜を切って、食器やジュースの準備。「準備良し！」勢いよくホットプレートで焼いていく。ただ、ここは娯楽室……換気扇なんてあるはずもない。立ち込める焼肉の香りと煙。いい雰囲気になったところで突然、火災報知機が鳴り響いた。「何？　何？　火事？」「やだ、どこ？」と皆で顔を見回す。それでもお箸は止まらない。「あっズルイ～」と、焼肉に夢中の私達。

その時、勢いよくドアが開き、当直さんが飛び込んできた！「あんた達、何やってんのよ‼」当直さんは鬼の形相である。「お疲れ様で～す」「焼肉パーティーです、ご一緒にいかがですか？」などと呑気に声をかけると、当直さんは「今すぐ窓を開けなさい～‼」と叫んだ。「えっ？……もしかして、この火災報知機の原因は私達？」ヤッバーイ、やっちまった。当然のことながら、当直さんからはこっぴどく怒られて、反省したかのような私達であったが、「次は窓を開けようね」と全く懲りていなかった。

火災報知機事件は、他にもさんまを焼いた時にやらかした。「なんで営内でさんまなんか焼くのよ！」と怒る当直さんに、小さくなりながら「スミマセン……さんまが食べたかったからです……」と素直にいうと、当直さんは「も〜、桜ちゃんらしいわよね」とゲラゲラと笑った。今から考えると、恥ずかしいくらいピントがズレているシロハト桜であった。

WAC隊舎の夜の秘密

WAC隊舎のお楽しみは夜中にもあった。「自習室」と呼ばれる長机がいくつも並んでいる部屋がある。名前の通り勉強をする部屋だが、手紙を書いたり、本を読んだりする人もいる。各居室は、消灯時間後は部屋の電気を消さなければならない。

しかし、この自習室だけは消灯延期（これを「延灯」という）の申請により、夜中の一二時まで電気を点けていても良いとされた。消灯時間までは、お風呂や洗濯の他に清掃や点呼など、時間的に余裕があまりない。

特に通勤組の私達は、通勤で帰ってくるのも遅かった。消灯時間までにできなかったこまごましたことを、自習室に持ち込むのである。

当時は、二二時に消灯であった。日頃の仕事や訓練で疲れているとはいえ、さすがにそんなに早くは眠れない。自習室はクーラーが効いており、おしゃべりをしてはいけない決まりで、静かで快適な場所だった。

日頃、先輩の一挙手一挙動に神経を遣っている新隊員にとって、周りを気にせず自分一人になったような気分を味わえる場所として、大変人気であった。私はウォークマンを耳に、同期に手紙を書くのが日課となっていた。「ずっとこの部屋にいたいなぁ……」毎夜、二時間だけのお楽しみであった。

ある日の夜中、いつものように自習室を出て、トイレに立ち寄った。ドアを静かに閉めようとするが、何故か閉まらない。何回もバタンバタンすると、何やら落ちてきた。「ん？」足元にボタリと横たわる長い物……「ギャーー!!」ヘビが降って来たのである。当直さんが飛んできて、二人で必死にヘビを追い出す。WAC隊舎の周りは緑がいっぱい。夜中は戸締りをしているとはいえ、昼間は換気のために開けっ放しであったため様々な生き物が入ってくる。

毛布の間にムカデがいたり、犬や猫も入ってくる。誰か優しい人がエサをあげているようで、犬や猫は昼間は糧食班にいて、夜になるとWAC隊舎に帰ってきた。そしてどこかの部屋に消えていくのである。

冬になるとよく、当直室のヒーターの近くで猫が丸まっていた。まだ動物アレルギーとかうるさくない時代の話である。

入ってくるのは、動物や虫だけではない。人も入ってくる。人といってもWACである。当直さんが寝てしまうとWAC隊舎には入れなかった。そこで遅くに帰隊する者は、当直さんに迷惑をかけないように、暗黙の了解で窓から帰ってくるのであった。

一階の部屋の裏手には、ブロックの積んであるWACだけの秘密の抜け道があった。警衛道からは見えない位置。ブロックをよじ登って窓から「ただいま」。その窓は、私の部屋に

ジリリリリリリリリリ…
何か鳴ってる？？
おいしそー
ジュー
ジュー
あぁあぁあぁあ
ボんっ
ビクッ

あった。夜中に酔っ払った先輩が窓から落ちることもしばしば。男性には見せられない姿である。

現在の新しい生活隊舎では、ＷＡＣの居住区が隊舎内を間仕切りされて設けられていることが多く、防犯上、一階に面していることは少ないが、昭和の時代はＷＡＣ隊舎は独立していたため、こういうことができたのである。今となっては、懐かしい話である。

ＷＡＣ隊舎は良い香りがする？

ＷＡＣの他にＷＡＣ隊舎に入れる人は、駐屯地司令や業務隊長、駐屯地当直司令と決まりがある。その他に特別に許可を受けた者以外は立ち入りが許されない。関係の無い者が入ると服務規則違反である。

この大奥のような禁断の世界に、男性隊員は一度は入ってみたいと思うのかもしれない。まあ、だからということではないのだろうけれども、ＷＡＣ隊舎は、やたらと点検が多いのであった。

特に異動時期には部隊長の交代があり、ＷＡＣが所属している部隊の長が新たに着任した場合は、ここぞとばかりに（？）点検と称して視察に来るのである。異動時期には、代わる代わる部隊長が訪れ、点検フィーバーである。

私たちの居室は部隊ごとの編成ではなく混成だったため、どこの部隊長が来られても、隊舎全体が点検対象となった。その度に大掃除を担当するのは新隊員で、「また～？　今度はどこの部隊長よ」とよく文句をいったものである。

点検の日には、隠せる物は全て鍵のかかる場所に隠した。私物の枕やタオルケット類、その他にも、あれやこれやの本来あってはいけない物など。何も無い殺風景な部屋となる。しいて女性らしい物といえば、私物箱の上に写真立てや小物入れが置かれていたり、ベッドにぬいぐるみが並んでいるくらいだろうか？　今と比べると、当時は何かとお酒を飲んでいた自衛隊であったが、一応ＷＡＣのイメージとして、私物のお酒は隠さなければならなかった。

部隊長の中には、「きちんとロッカーには鍵をかけているか？」と、ロッカーをガチャガチャと確認する人もいる。

そんな折、鍵をかけ忘れたロッカーから、一升瓶が飛び出した時は、さすがに部隊長の方が慌てたという笑い話がある。「見なかったことにしよう……嫁に行けなくなるかもしれない」部隊長の親心であった。

ＷＡＣ隊舎の点検後の講評は、決まって良い評価である。男性の隊舎とは違い、土足禁止でスリッパ生活であったためかもしれないが、白くてとても手入れの行き届いた美しいＷＡＣ隊舎であった。その美しさを維持していたのは、私たち新隊員の涙ぐましい努力があるのだといいたかった。

その他の感想として男性陣が口を揃えていうのは、「ＷＡＣ隊舎は良い香りがする」である。住んでいる私達にはわからないのだが、出勤前の整髪料や制汗剤や化粧品などの香りが、ほのかに残っているのではないかと思われる。

入れないといわれれば入りたくなるのが人情であるが、WAC隊舎に、許可無く入ることはオススメしない。

何故なら、女性といえど自衛官である。見つかった時には「キャー」と発しながらも、ボコボコにするからである。ロープに精通した施設科隊員にお縄にされ、さらし者になるかもしれない。警察官舎に泥棒に入るのと一緒である。

できちゃったWACのその後

WAC隊舎には、時には妊婦もいた。

営内には曹士で独身の者や単身赴任の者が居住できる。当時は結婚前にできちゃった者がかなりの人数いたと思う。田舎から出てきた無垢な娘が、男性ばかりの職場に入り、恋を覚えて大人になる。

現在のようにできちゃったと気軽にいえる時代ではなく、ギリギリまで隠ぺいした。

妊娠を知った部隊は大変である。大事な娘さんを預かっている身として、親以上に相手の男性の部隊に「うちのWACをよくも傷物にしたな、責任を取れ！」と殴りこみ状態である。服務指導の責任を問われかねない状況であり、部隊も立場がないのである。

部隊長の怒りは、一緒に生活していた私達へも向けられ「なぜ気づかなかったんだ！」と怒られる。外出許可は部隊だし、一緒にお風呂に入っていてもポッチャリタイプだと気付かないし、ジロジロと見るはずもない。「そんなこといわれたって〜」が本音であった。

有事に備えるため、集団として心身共に即応態勢を維持しなければならない自衛官。危険を顧みず命をかけて任務に当たらせるため、全人格的に隊員を把握しようとする傾向が見られる。プライバシーなんていっていられない。旧軍からの伝統か？　どちらかというと、陸・海・空の中で、陸上自衛隊はその傾向が強いといわれている。良くいえば面倒見が良く、悪くいえば過干渉である。ここまでプライベートに深く関わってくることは、一般の会社ではあり得ないことである。

妊婦の出た部隊は、体裁を気にしてか、WACのためか、妊娠の事実を頑なに隠すことが多かった。私が知る限りでは、マタニティーを着せることなく、ジャージと「外被」と呼ばれるゆとりのある上着で、任期満了まで待って退職させるか、途中で人知れず依願退職するかの処置がほとんどであった。

寿退職が当然の時代。WACも華のあるうちにお嫁に行って、専業主婦になることが最良とされていた。それは、出産休暇は認められていたが、当時は、現在のような「育児休業」の制度は一般社会でも自衛隊でも整っていなかったため、WACが乳児を抱えながら自衛官を続けることは、特別恵まれた家庭環境でもない限り難しかったからである。

そのため出産後も続けたり、陸曹になる者などは稀であった。

しかし、できちゃった婚ができる者はまだ幸せである。

そういうWACは、妊娠がわかると入籍し、そそくさと営外に出て行く。WAC隊舎にいた妊婦は、個々の事情により、今すぐにお嫁に行けない「訳あり」の隊員であった。つわりを我慢して、お腹が苦しくても弾帯を着けて、いい出せなくてどんなに辛かったことだろう。WAC隊舎で産気付いたあの娘は、幸せになったのだろうかとふと思った。

この頃、そんな私も、自分自身の体調の変化に気付いていなかった。まさかあんなことになろうとは……。

なぜかどんどんスリムに

入隊してから約一年半が過ぎた。階級も上がり一等陸士となっていた頃。女の厄年一九才。私自身でさえ自分の体調の変化に気付いていなかった。

まず、ニキビがたくさん出た。学生の頃にもニキビは少しあったが、大人になってからは久しぶり。第二の思春期だろうか？　スポーツをしているし、汗もかくからかなぁ？　ニキビというよりも吹き出物なのだろうが、お年頃のお肌は敏感なのだろうと思った。

今であれば、皮膚科に行くのが一番良いと思うが、ニキビが気になりエステにも通った。塗り薬やニキビに効くと聞けば、ありとあらゆる美顔法を試した。

WAC隊舎の優しい部屋長に新しい美顔法をお披露目する度に「桜ちゃん、ニキビがマシた。

になったよ」といって下さって、その気になった。しかし、ニキビは一向に治らなかった。このとき私は、思春期のニキビではなく、ストレスによる吹き出物と全く気付いていなかった。

また、元々小柄だった私だが、それ以上にドンドンとスリムな体型になってきたのは、毎日の駆け足等の訓練での成果だと思っていた。毎日元気に笑って食べて、私も周りも誰も体調が悪くなっているとは気付かなかった。

ある時、弾帯が二重折りにしてもブカブカだった。被服類は、なかなか自分の体型に合わないのが常で、男性の自衛官に比べて女性の自衛官は少なかったため、被服の更新も遅かった。中でも一般的な体型から外れている者は、特に更新が遅かった。被服の場合は、女性向けのサイズもあるが、装備品になると男女共通の物がほとんどで、女性には全てが大きな造りとなっていた。

昔々の自衛官にいわせると、自衛隊設立当初は車両等もふくめ、アメリカ製の中古の装備品等が多く、日本人の体型に合わないことが多々あったそうだ。

車両は身長の低い日本人には、ブレーキやアクセルに足が届かず、木の板等を用いて下駄を履かせて運転していたとか、被服も不ぞろいでガボガボだったと聞かされていた。「今は日本製なんだから、少しぐらい大きくても我慢できる」と年配の自衛官は話す。

新隊員の教育隊の班長からは、「自衛隊の被服は、自分の体を被服に合わせるのが基本」と教えられたことを思い出す。戦闘職種ではない会計科の隊員である私にとって、弾帯が少々大きくとも何も不便なことはなかった。訓練で弾帯に水筒や弾納や銃剣を取り付ける際には、肩から吊り下げるサスペンダーが弾帯を支えてくれる。それでも今も昔も、お年頃の女子は、弾帯の穴が一個ずれる度に大騒ぎであった。

「栄養失調」で入院！

もうすぐ後輩のＷＡＣが入ってくるという頃、私はなぜか時々倒れるようになった。それも結構頻繁に……。でも何もしんどくはなく、とても元気であった。貧血だと思い、レバーなどの鉄分を多くふくむ食品も積極的に摂取したが、一向に改善しなかった。

ある日、病院で診察を受けると「即刻入院！」と宣告された。原因は何と「栄養失調」であった。自分でも大変驚き、大きなショックを受けた。毎日、たくさん食べてとても元気であったため、信じられなかったのである。「食べ物が豊富な今の時代に栄養失調って……」病院のベッドに横たわり、点滴で栄養補給する日々が始まった。情けなくて悲しくて……原因不明の栄養失調にどう向き合えば良いのか、当時の私は分からなかった。その直接的な要因は、たぶんストレスだったのではないかと今になって思う。

高校を卒業してすぐに社会に出て、今までの生活とは一八〇度違う、厳しい訓練と馴れない集団生活。ＷＡＣ隊舎での下積み生活は長く、頑張ろうと思えば思うほど、自分の中で負担となっていたのかもしれない。

主治医からは「頑張ろうと思わなくていいのですよ」といわれ、体重が人並みに戻るまで退院できなくなってしまった。

ありがたいことに自衛隊には、各地区ごとに大きな病院が完備されている。先生も看護婦さんも全て自衛官である。普段は白衣を着ていても、行事がある時には制服姿を見ることもあった。医官ともなれば階級は大変高く、私なんかが普段は接することの無い、雲の上のような階級の方達ばかりであった。同じような年代の看護婦さんも遥かに階級は上だった。

そのため、中には階級できつく当たる人もいた。その当時はまだ「ストレス」という言葉も確立されていなかった頃で、看護婦長さんからは「一士のくせに仮病で怠けているだけなのよ」と怒られた。

私は何もいい返すことができず、とてもつ

らかった。「どこも悪くはないのに……元気だから帰りたい」と涙が溢れた。

病院には他にWACの入院患者などおらず、隊員家族のおばあちゃんと（自衛隊の病院は隊員家族も利用できる）と、子供と相部屋だった。点滴ばかりの毎日で退屈だったが文句はいえない。だって仕事を休んで入院させてもらってるんだもの。ほんとうにありがたいことである。

ただ、病人用のガウンがあり、部屋を出る際にはパジャマの上に着るのだが、それが昔ながらの白い着物スタイルで、それを着るだけで大変な病人になったようで滅入ったのであった。

病院であっても自衛隊の施設。定時の国旗掲揚と降下がある。国歌が流れている間は無言で不動の姿勢である。廊下を歩いていてもその場で停止し、気をつけ。全館静まり返る静寂の時間、白いガウン姿の病人が立ち並ぶ光景は、何かとても不気味であった。

食事はもちろん病人食。食品を乗せたワゴンが来ると、歩行の出来る者は自ら受領に行く。私は同室のおばあちゃんの分も受領し、せっせと働いた。

メニューは健康的で、自衛隊の一般隊員の食事とは比べ物にならないほどの塩分控えめで低カロリー。残さず食べきることが私に与えられた任務。好き嫌いも無く、食欲も旺盛な私は、毎食ペロリと平らげた。

先生からは「食欲があるなら何を食べても良い」といわれ、食後の日課は、売店に行ってアイスを買って食べること。何の制限も無く病院内をウロウロする。お天気の良い日は屋上で日光浴。のどかな雰囲気の病院内ではあるが、入院患者は皆、どこか悪く、深刻な病を抱えているのだろう。「私ほど呑気な患者はいないのだろうなぁ」と申し訳なく思った。

週末には代わる代わるに会計隊の方がお見舞いに来てくれた。本来ならばクビになってもしかたがないのに、自衛隊はこんな私を手厚く面倒見てくれた。「私がこうして不在にしている間も、会計隊では私の代わりに仕事をしてくれている人がいるんだなぁ」感謝してもしきれないほどであった。早く太って帰らなくちゃ。

入院中に、お見舞いに来て下さった方々からお花をいただく機会が多くあった。花瓶に入れるだけのようだが、意外とセンスが問われる。たくさんのお花を持て余し、花瓶に投げ入れていると「お花を生け直すわね」とその場で美しく生けてくれた人がいた。それは私にとって衝撃的な出来事だった。私はとても感動して「私もお花を美しく生けられる人になりたい！」と強く思った。その時の思いをずっと持ち続けたことにより、生け花は、この後の私の自衛隊人生を左右することとなるのであった。

会計係に配属、後輩もできた！

体重は順調に増えて無事に退院が決まり、晴れて部隊へと戻った。そこには、待ちに待った後輩ＷＡＣが待っていた。ぽっちゃりタイプの可愛い子である。これによりＷＡＣ隊舎での下積み生活も少しは楽になった。

毎日のようにご指導を受けていたWAC隊舎の先輩たちも、なんだか優しくなっていた。まだまだ下っ端には変わりなかったが、後輩ができたことで先輩として張り切った。

後輩が増えたことで、入院していた間に係が変わり、私は晴れて憧れの会計係へ配置された。やっと業務の係をさせてもらえるのだ。業務学校を卒業して以来、ずっと心待ちにしていた瞬間である。

教育隊で教えてもらったことをまだ覚えているだろうか？　しっかりとできるだろうか？　やや不安はあったが、不安よりも嬉しくて嬉しくて♪、私もやっと会計科隊員と胸を張っていえる。退院後の私には大変恵まれたキラキラ光る環境が待ち受けていた。今から思えば、きっと会計隊の何らかの配慮があったからであろう。

新たに配置された会計係は債権係も兼務した。会計係は、支払い書類の作成、帳簿の記載、支払い後の書類の報告・整理・保管等。債権係は、宿舎代金や退職者の有料の被服代などの書類の作成・報告・保管等である。覚えることは山ほどあったが、少しずつ教えてもらった。

やっとそろばんと電卓の出番である。あれほど練習したのだもの、しっかりと発揮しなくちゃ。毎日、書類と帳簿に囲まれて、仕事をしている実感とやりがいを感じた。

最初の頃は、帳簿を間違えまくって、訂正印の花が咲いていたが、鉛筆での下書きを覚えて、少しずつ減っていった。ややこしい漢字が山盛りの自衛隊流の支払い科目をたくさん覚えた。まだまだ新米の駆け出しではあったが、皆の温かい支えで私は仕事を続けることができたのであった。

残業と水風呂

残業をすることも多くなった。残業をしても職場での宿泊はできず、WAC隊舎に帰らなければならない。遅くなりそうな時には、上司にWAC隊舎の当直さんに連絡してもらい残業を続ける。もちろん自衛官は残業しても残業代が出ない。新隊員の班長からは「自衛官は二四時間の給料をもらっているから他の公務員よりも給料が高い」と教えられていた。

ほんとうは二四時間の給料ではなく、月に二〇時間程度の残業代が組み込まれていると聞いたことがある。新隊員には、「心構えとして二四時間いつでも対応できるように」との教育として、そういうことを教えるらしい。

正直にいうと、勤務場所によっては、ブラック企業並みのところもある。特に会計隊は残業があたりまえで、今もほとんど変わらない。

戦闘職種は、寒かったり暑かったりの中で不眠不休で訓練をする。その分、会計科職種は事務所の中で仕事ができるので、それを考えると残業も苦ではない。戦闘職種の大変さとはまた違う大変さがあり、それぞれの職種は結局、公平なんだと教えられた。

課業中には電話の嵐が吹き荒れるが、国旗降下のラッパが鳴ると課業終了で、電話はパタリと止む。食事を終えて、ここからが残業タイムである。電話も鳴らず、快適に自分のペースで仕事に打ち込むことが出来る。

制服を脱ぎ、ラフなジャージ等で仕事に向かう。自衛隊内に住んでいる独身者は、駆け足をしてお風呂に入ってから来る者も多かった。

私達WACは、WAC隊舎のお風呂の時間に間に合うように時計を気にしながら頑張った。お風呂は、シャワーのお湯が出る時間帯を過ぎると湯船のお湯を使う。お風呂終了の時間に間に合わないと、湯船は清掃で水を入れ替えられ、真水の冷たさである。もちろんシャワーのお湯も出ない。ギリギリに帰ると、当番がお湯を抜きながら清掃をしている中を、「すぐに済ませますから」と頭を下げながら必死に入ることもあった。

「湯船のお湯が無くなる～」と、足首くらいの深さのお湯を必死に洗面器ですくったこともたびたびあり。数分間の勝負である。その後は、水風呂で我慢するしかない。「若干だけどお湯っぽくない？」と自分にいい聞かせ、ブルブル震えながら水を浴びた。家のお風呂だといつでも温かいお湯が出るのに、これが集団生活の厳しさである。

年度末には、残業の嵐の中、終電で帰れれば良い方で、WAC隊舎に帰れず事務所のソファーに寝たり、お風呂に入れない日が続くこととなる。こんなことは私だけではない。先輩方も皆、経験してきたことであった。

あまりにも不憫な状況に、職場のトイレにシャワー室を作って下さったり、WAC隊舎のお風呂にも二四時間対応のシャワー室ができたのは、ずいぶんと経った平成の時代になってからのことであった。徐々に生活環境は改善されていったとはいえ、残業体質はなかなか変わらないのが実情である。

仕事漬けの毎日の中、それはそれでやりがいがあったが、趣味らしい物は何一つ無い私であった。そんな折、昼休みに保険屋さんが駐屯地内で生け花を教えておられるとの情報を耳にした。私は入院中からずっと生け花に興味があったため、すぐに教室の入会を申し入れた。当時は、華道・茶道・着付けが、花嫁修行として持てはやされた時代である。生け花ができたらどんなに素敵だろう。いつかのお嫁入りのために修行してみようかな。週一回の生け花をとても楽しみにした。

先生に手伝ってもらい、仕上げた花は隊長室に飾らせていただいた。隊長室はとても華やかになった。隊長も喜んで下さっていたように思う。自衛官として何をしてもへなちょこだけど、生け花だけでもできたらいいなぁ。そこから私の生け花生活は始まったのだった。

自衛官も知らない自衛隊記念日

秋になり、自衛隊は各種記念日等で大賑わい。自衛隊の創設を記念する「自衛隊記念日」を始め、各方面隊の記念日や駐屯地の記念日等は、春と秋に集中する傾向がある。夏～初秋にかけては梅雨や台風の時期であり、災害派遣出動の可能性が高いため、その季節を避けているのではないかと思う。

「自衛隊記念日」は、実際の自衛隊創設は七月一日であるが、なぜか一一月一日と定められている。諸外国では建軍記念日を国民の祝日にしているところも多いが、日本では残念ながら自衛隊記念日は祝日ではなく、自衛隊記念日だからといって自衛官の仕事が休みになることもない。

自衛隊記念日には式典が行なわれる。陸上・航空自衛隊は観閲式、海上自衛隊は観艦式と呼ばれ、現在は陸海空持ち回りで開催され、三年に一度各自衛隊に回ってくる。私が入隊をした昭和の時代には、観閲式は毎年行なわれていたが、平成の時代になってから少して陸海空での持ち回りとなった。

観閲式の目的は、「自衛隊の最高指揮官である内閣総理大臣（観閲官）の観閲を受けることにより、隊員の使命の自覚及び士気の高揚を図るとともに、防衛力の主力を展示し、自衛隊に対する国民の理解と信頼を深めるものである」とされている。

しかし、不謹慎かもしれないが、自衛隊記念日が一一月一日であるということを知らない自衛官は意外にも多いように思う（かくいう私もこの記事を書くまで知らなかった。ＯＢを含む数名にも聞いたが、誰も自衛隊記念日が一一月一日だと知らなかったのはたまたまだろうか？）。

各駐屯地や部隊の記念日には、それぞれの駐屯地で催しが行なわれ、紅白饅頭が配られたり、記念品をいただいたりと何かと思い出があるが、自衛隊記念日に紅白饅頭が出た記憶は無い。観閲式に参加する者以外の地方の者にとっては、テレビで見る雲の上の話のようであった。

記念式典で大失敗、でもイカ焼きゲット

観閲式に参加したことは無いが、方面隊や駐屯地の記念式典には参加した。小さな駐屯地では、WACが観閲行進で歩くことは稀であった。

なぜなら、来客の接遇に借り出されるからである。記念日は部内の者が喜ぶというよりも、来隊される部外の方やOB等をもてなす意味合いが大きいように思う。数少ないWACは、必ずといっていいほど、上級部隊の指揮下に集められ、接遇用に使われるのであった。

自衛隊二年目のこの年、初めてWAC隊舎のある駐屯地の記念日に参加した。

ここのWAC隊舎には複数の駐屯地のWACが居住しており、地方では珍しく大きなWAC隊舎であった。WAC隊舎にお世話になっているWACが各部隊から参加し、にわかの駐屯地WAC隊が編成された。

徒歩行進はなかったものの、式典参加のためにグランドまで隊列を組んで行進して行くと、カメラを構えた人垣ができ、拍手が起こった。

「頑張ってね！」と声をかけられたり、地方では滅多に見られない大勢のWACによる行進に、年配の女性などは感動して涙を流しておられた。

WAC隊舎の管理陸曹が指揮を執り、ハンドバッグを小脇に抱え颯爽と歩く。

短い距離ではあるが、履き慣れない短靴（ヒール）に苦戦している戦闘職種の者や、歩幅

の狭い背の低い者が、隊列に付いていくのに必死になっていることに気付いた管理陸曹がすぐに「半歩に進め」の号令をかけてくれた。WAC特有の短靴の音がアスファルトに響く。道の両脇には出店がいっぱいあり、私はイカ焼きが気になった。「式典が終わったら絶対にイカ焼きを買いに来よう♪」。イカ焼きを楽しみに足取り軽くグランドに進むと、グランドには部隊が整列していた。

式典は順調に進んでいった。

実はこのとき、私は当直勤務明けで寝不足であった。式典の最中に祝辞を聞いていると、耳元がざわざわとして遠くの方から「ウワンウワンウワン」と聞こえてくる。「何かしら？セミの声？」と思っていると、突然目の前の景色が渦のようにグルリと回った。「アッ！　すみません」気が付くとそこは「アンビ」と呼ばれる自衛隊の救急車の中だった。「大丈夫よ」と声をかけて下さった。私は式典の最中に倒れてしまったのだった。

んっ、式典は？」と慌てていると、優しい衛生科職種の女性の方が「大丈夫よ」と声をかけて下さった。私は式典の最中に倒れてしまったのだった。

当直中は忙しく、睡眠時間も少なく疲れていたのだ。以前に体調を崩してからずいぶんと経ち、しっかりと健康体となっていたが、またまた虚弱体質のような印象となってしまい「あ〜、しっかりしなくちゃ」と凹んだものであった。

ちなみに幼い頃、夜に早く寝ないと、母がいつも言っていた「早く寝ないと緑の救急車が迎えに来るわよ」という脅し。幼い頃は、恐ろしい病院に入れられるんだと想像し、とても怖かったことを覚えている。もしかしたら、緑の救急車って自衛隊の救急車のことだったのだろうか？　とふと思った。

「急いで戻らなきゃ」、私は勢いよくアンビを飛び出て、グランドに向かった。もう部隊は退場しはじめている。私は走って部隊を追い抜く。

「イカ焼き!!」私の頭の中はイカでいっぱいであった。式典が終わると出店はお客さんで溢れる。その前にイカ焼きをゲットしないと間に合わない。

脇目も振らずにイカ焼きの屋台を目指すと、まだお客さんはまばらであった。「ヤッター」とイカ焼きを買ったところに、タイミング悪くＷＡＣの一団が行進してきた。

「アッ、桜ちゃん！　大丈夫……だよね」とイカ焼きを手にした私を見て、みんなは笑うしかなかった。私も「大丈夫です、ご心配をおかけしました」と笑ってごまかしたが、さすがにごまかしきれなかった。

この式典で一番残念だったことは、車両行進が見られなかったことである。かっこいい自衛隊車両が走るのを楽しみにしていた。

しかし、この駐屯地では見栄えのする車両はほとんど無く、近傍駐屯地からの支援も得られなかったようで、苦肉の策でフォークリフトが走ったとのこと。さらに最後尾にはバイクに牽引されたリヤカーの一群が「頭右（「かしらみぎ」の敬礼）」をして堂々と行進したと聞いた。だがほんとうかどうか今でも分からない。昔から伝わる都市伝説のようなものかもしれない。

ＷＡＣ隊舎のある駐屯地の記念日参加は、この時が最初で最後であった。時の駐屯地司令の考えで、WACの行進があったり、私たちのように近傍駐屯地の者まで参加したり、その時によって変わるのである。

この後も毎年のように、秋になるとどこかの駐屯地の記念日の行進のために、一ヵ月ほど泊まりがけで集合訓練に行くのが常となるのであった。

父の退官を見送る……

年末になり、父が定年退官を迎える日がやってきた。晴れた良い日であった。定年退官の日には、駐屯地の皆がメイン道路の両端に並び退官者を見送る。大きな音で隊歌が放送で流れる中を、定年退官者は挨拶をしながら歩いていく。

退官者は、警衛所の前で万歳三唱をしてもらい、警衛隊からは敬意を表し、ラッパの吹奏と「ささげ銃」と呼ばれる最上級の礼を受けて、自衛隊を出て行く場合が多い。

父の時も多くの隊員が見送って下さった。私は見送りの列の先頭で、制服姿で待っていた。父に花束を渡し握手をすると、父の目に涙がにじんでいることに気付く。辞めようとしたこともあったが銃剣道で名をはせ、やっと今日というめでたい日を迎えることができた。三〇年余りの自衛隊人生を終える時、制服姿の娘に見送られる父の脳裏には、どんなことが浮かんでいたのだろうか？

見送りの際には、営門に奥様が迎えに来られて、ご主人の傍らで、万歳三唱時に頭を下げ

られる例も多い。

　妻である母がこの場に来てもおかしくなかったのだが、残念ながら母は来られず私が代わりを果たした。

　よく、人は四つの涙を流すといわれている。一つ目は生まれたときの産声。二つ目は母が旅立った時の別れの涙。三つ目は娘を嫁に出すときの喜びの涙。四つ目は妻に先立たれた時の悲しみの涙。

　しかし自衛官には五つ目の涙があり、それは退官の時の感無量の涙であるとも聞く。

　父の涙を見たのはその時が初めてであった。私まで感動してしまい何もいえなかったけど、「お父さんおめでとう、そして今まで家族のために働いてくれてありがとう」。満面の笑顔で花束を渡した。

　私は父の姿を見て育ち、同じ自衛官の道を進んだ。これが今、私にできる最高の親孝行であった。父が退官すると思うと寂しい気持でいっぱいであった。これからは一人で自衛隊で生きていかなければならない。皆には普通のことであり、父がいた私が特別だったのだ。自分は意識せずとも、父の影響力は大きく、その存在に甘えていたのだろう。厳しい現実が待ち受けていることも想像できた。

実際に、態度が急変する人もいて、その度に悲しい思いをしたこともあった。「強くならなきゃ」もうすぐ階級が上がり、陸士長となる。私は自衛隊生活二度目のお正月を前に、心新たに頑張ろうと誓ったのであった。

陸士長に昇任、成人式を迎える

新年を迎え、無事に陸士長に昇任した。昇任は嬉しいが階級章の取り替えのために、縫い物をしなくてはいけない。お裁縫が苦手な私は、この作業がとても嫌いであった。「もっと簡単に階級章が付けられたらいいのに」といつも思ったものだ。自衛隊内の売店等で有料で縫い付けてくれるところもあるが、女性は縫い物ができて当たり前の時代、女性が売店に頼むのは恥のような雰囲気であった。

ピカピカの士長の階級章を付けて同期と共に隊長室で昇任の申告をした。まだまだ下っ端ではあるが、陸士の中で一番上の階級となりとても嬉しかった。慣れない「シロハト士長」

という響きに照れてしまう。

年明け最初の勤務日は「訓練始め」と呼ばれ、各部隊は何かと企画するところが多い。我が会計隊も毎年少しずつ違うのだが、今年は近くの神社へ初詣に出掛けた。初詣と聞くと楽しそうだが、建前上は「訓練」である。神社の近くまでトラックに揺られて行き、険しい山を一般の人はロープウェイで登るのに対し、我々は山道を徒歩で登るのであった。お正月から意外とキツイ登山訓練となった。

続いて駐屯地の賀詞交換会（新年祝賀会）の支援である。ＷＡＣは漏れなく会食支援に出た。「服装指定：着物」えっ？　和服？　とても驚いたがもちろん命令は命令である。女性であれば誰もが和服を持っていると思い込んでいるのだろうか？　祝賀会の会食支援で和服を汚したくない者もいたはず。

今の時代では考えられないことであるが、こんなことが普通だった時代。ＷＡＣはまだまだお飾りだったともいえる。私は母に頼んで和服の準備をしてもらった。

当日の朝、更衣室は着付けのために大忙しである。事務官のおば様や保険屋さんに、順番に着付けてもらう。着付け、華道、茶道、縫い物等が嫁入り修行として一般的だった時代、おば様達の活躍はとても素敵に見えた。「私もこんな風に着付けができるようになりたいなぁ」。華道を始めて間もない私は、着付けにも憧れた。そろそろお年頃のシロハト桜であった。

嬉しいことは続いて、この年、私は成人式を迎えた。お正月の休暇を終えて、新年の祝賀会の後、駐屯地では成人式が行なわれた。自衛隊では成人式をしてくれる。地方から出てきている者は、なかなか故郷の成人式に出られないためである。駐屯地の新成人が食堂に集められ、各部隊長や部外の協力会の方等に盛大に祝っていただいた。もちろん制服での参加である。

振袖などで着飾ることはなかった。考えてみれば、賀詞交換会は和服で接遇したのに、駐屯地の成人式で振袖が着られないというのも理不尽な話である。ちょうどお昼時に、食堂では新成人用の折り詰め弁当。隊長を囲んで楽しいひと時であった。

その週末には地元の成人式に振袖で参加した。成人式のために「特別外出」と呼ばれる外泊を伴う外出が許可された。地元の駐屯地に配属された私は良かったが、ＷＡＣ隊舎の同期には遠方の者も多かった。

皆、地元に帰ったのだろうか？　日頃の凛々しい制服姿ではなく、美しい晴れ着に身を包むと私も普通の女の子に見えた。成人式のために頑張って伸ばした髪の毛は肩まで伸びて、何とか結うことができた。

行事が盛りだくさんの新年を終え、もうすぐ会計隊は年度末を迎える。

一任期満了を目前にして

入隊から二年後、陸士長に昇任した年の春に私は一任期満了を迎える。

昭和の時代の女性自衛官は、ほとんどが一任期もしくは二任期で退職し、その多くが寿退職であった。結婚し専業主婦となり家庭に入る。寿退職が最良とされ、女性の幸せ＝結婚が一般的な時代。

任期満了を迎えると、その都度「任満金」と呼ばれる特別退職手当が支給される。一任期目には当時の金額で約四〇万円くらい、二任期目には一〇〇万円くらいもらったと記憶している。では、三任期にはどれだけもらえるんだという話になるが、三任期目からは任満金が少なくなる仕組みだ。現在も任満金制度はあり、その支給金額は昔よりももっと高くなっているそうである。

任期のある一般隊員は、試験に合格しない限り陸曹にはなれない。女性の場合、陸曹になる者は稀で、任満金を結婚資金にする者が多かった。

中には一任期満了時に自衛隊の就職援護により、地元の優良企業に再就職するケースもあった。自衛隊の就職援護は大変充実していた。自衛隊で数年間、規律正しい生活と厳しい訓練に耐え抜いたことは、社会的な信頼となり、企業はそんな人材を欲しがった。定年退官され再就職したOBが、企業のために積極的に人材確保に走っていた印象がある。

自衛隊の絆で就職先でもOBの方に手厚く面倒を見てもらったと聞く。当時、定年退官された方は大手の証券会社など有名企業への再就職が多く、任期満了の隊員もかなり大手の会社の就職斡旋があったようだ。現在は現職隊員と引き抜きを目的としたOBとの接触は禁止されているが、昔は特に規制はなかった。

ＷＡＣ隊舎の先輩は「自衛隊で満足していたらダメよ。次の人生も考えて私は自衛隊に入ったの」と、一任期満了で地元のお役所に再就職して行った。このように地元に帰るために国家公務員から地方公務員へ転職するケースもよくあった。

当時、娑婆の会社のお給料は自衛隊の倍以上だったともいわれていた。特に男性の幹部自衛官は、企業から高給を条件に引き抜かれるケースが多々あり問題視されていた。まだバブルが弾ける気配もなく、好景気の世の中に夢を見て、たくさんの自衛官が部隊を去って行った時代。その何年か後に、突然バブルが弾けて、汚い・キツイ・低給料だとバカにされていた自衛官が一転、公務員というひとくくりで大人気の就職先になり、入りたくとも入れない状態になろうとは、この頃まだ誰も思っていなかった。

また、在職中に夜間の大学等に通い、卒業と同時に任期満了で退職していく者もいた。当時は、男性の場合は中学卒業の者もぼちぼちいて、高校や大学に通う者は多かった。自衛官をしながら、夕方に少し早めに仕事を切り上げさせてもらって、夜学に通う。会計隊には各部隊から臨時に派遣される給与の計算担当がおり、演習等で長期の宿泊を伴う訓練がある戦闘部隊では、なかなか通学できないためか、計算担当に通学者を充てる部隊も多かった。

通学者達は、早めに仕事を上がらせてもらう分、日中は休憩も取らずに仕事に向かい、学校の休みの時には、時間外に自主的に仕事に励んでいる姿が見られた。現在もこの通学制度はあるようだが、大学卒の者が多く、通学者はほとんどいないそうである。

自衛隊を永久の就職先ではなく、スキルアップを図り、今後の人生のステップアップに役立てる通過点の一つと捉えていた自衛官も多かったのではないだろうか？ それも人それぞれの生き方であった。

現在は公務員就職のための専門学校に行き、何でも良いから公務員を軒並み受けて、たまたま引っかかった自衛隊に「公務員だから」という理由だけで入隊してくる者もいるとか。いずれ自衛隊での生きがいを見出して続けていくのだろうけど「時代は変わったなぁ」と思う。

さようなら、私の青春

だが当時の私はといえば、高い志を持って入隊したのでもなければ、自衛隊での生きがいなんてこれっぽっちも頭になかった。与えられた日々の仕事をただ単にこなして、ぬるま湯に浸かっているようなものだった気がする。何がしたいのでもなく、自衛隊に入ったらお婿さんを見つけて結婚して辞めるのだろうなぁと漠然と思っていた。

ただ残念なことに、シロハト桜に女の子としての幸せは縁遠かった。何度も彼氏ができそうになったことはある。しかし、なぜか遊びに行っても、次回が無いのである。少し仲が良くなると、いつの間にか消えていくお相手。「なんでかなぁ？ 何か悪いことしたかなぁ？」「今度こそ！」と何度も繰り返し、「私って、よっぽどなんだわ……」と落ち込んだ。

実は、ずいぶんと経ってから知った事実であるが、「お兄ちゃん」と呼ばれる父の武道の教え子達は、娘のような妹のような存在の私の動向にアンテナを張っていて、どこからともなく噂をキャッチするや、その男性に詰め寄り「桜に手を出すな！　出すなら俺達を全員倒してからにしろ！」と、いっていたそうだ。

男性達は、血の気の多い駐屯地の銃剣道部を敵に回したら大変だと、私の前から姿を消すのであった。父ではなく、血のつながりのない父の教え子達が私の親衛隊となり「俺たちが認めた者にしか、桜はやらん！」と、裏で強固なガードを作っていたとは……トホホ。

そんなこんなで、もうすぐ一任期の満了を迎える時期となったが、「体調も崩したし、きっと二任期目の継続はできないのだろうなぁ」と勝手に思い込んだ。退職する前に、新隊員の時にお世話になった区隊長や班長、同期に会いたい。私は皆にお別れの挨拶をしに東京に向かった。何年かぶりの東京。懐かしい朝霞駐屯地の大きな営門をくぐり、一目散に当時の婦人自衛官教育隊を目指す。あの頃と何も変わらない隊舎。区隊長の笑顔も変わっていなかった。

課業中だったため班長には会えなかったが、お世話になったお礼をいって足早に立ち去った。「もう朝霞駐屯地に来ることはないだろうなぁ」。

教育隊時代に通ったお店に行ってみたり、大好きだった大きなスーパーにも行ってみた。次は小平駐屯地の当時の業務学校を目指した。朝霞駐屯地から小平駐屯地に直接行くことは初めてで、東京がとても広く感じた。

小平駐屯地のこじんまりとした緑多き営門と、のどかな会計教育部は何も変わらずに私を迎えてくれた。区隊長と班長と同期に久々に会い、退職することを告げると区隊長は「その小さな体でよく一任期頑張ったよね。偉かった！」と褒めて下さった。区隊長の変わらぬ優しさが心にしみた。

後にこの時のことを区隊長に尋ねてみると、「当時はＷＡＣは辞めることが一般的だったから、何も思わなかったわ」とのこと。ストーブが赤々と燃えている事務室が心地よく、一瞬帰りたくなくなったが、何かふん切りがついて私は軽やかに帰路の新幹線に乗り込んだ。

「さようなら、私の青春・東京」。

東京から戻り普段の生活を送っていたある日、先任に呼ばれた。「シロハト士長、任満（任期満了）の継続はどうする？」私は意味が分からなかった。「えっ？　私なんか継続してもいいのですか？　体調も崩したしクビじゃないんですか？」ととても驚いた。

部隊はほんとうは辞めるといってほしかったかもしれないが、それでも悪いことをしない限り、クビにはできないのが公務員なのかな？　私はお言葉に甘えて任期を継続させてもらうことにした。なんと自衛隊は優しいのだろう、これからはご恩返しとしてしっかりと頑張らなくっちゃ！

第7章 大型自動車免許に挑戦

教習車は大型トラック

無事に二任期目に突入した私は、自動車の免許を取る教育に行くことが決まった。自衛隊には自動車免許が取れる施設がある。自動車学校が駐屯地の中にあるのである。私はそこに通うことになったのであった。

自衛隊は仕事に必要な各種免許を国費で取らせてくれる。自衛隊を辞めた後の次の人生に役立たせるために、免許取得を目的として入隊し、その免許が取りやすい職種を選ぶ人もいたくらいだ。自動車免許もその一つであった。

ゆくゆくは部隊のドライバー要員を育てるために免許を取らせるのである。「業務車」と呼ばれる一般的な乗用車は、偉い方がおられる部署か輸送班のある大きな部隊など、限られた部署しか持っていなかった。会計隊のドライバーということは、普通の車ではなく、ジープやトラックを運転することとなる。

「免許が取れることは嬉しいんだけど、私にジープやトラックなんて運転できるのかしら……」。しかも、自衛隊は特例として大型から免許を取ることができる。

通常、大型免許を取るためには、普通免許を取得後、何年かしてから取れるようになるのだが、自衛隊は最初から大型免許に挑戦する。そのため、教習車は大型のトラックである。みなさんも道で「仮免許練習中」などと表示板を付けた自衛隊のトラックを見かけたことがあるのではないだろうか？　あの大きなトラックが教習車なのだ。

同期は四〇人くらいいただろうか？　大きな部隊は人数が多く、一度に何人も入所できるため、一般の戦闘部隊で免許を取りに来るのは入隊して一年くらいの若い隊員である。しかし会計隊のような少人数の部隊では人手が足りないため、人員を割くことが難しく、職種の課程教育の学校に行く者が優先で、自動車免許などは後回しになる。中でも会計隊のような演習が少ない後方部隊は、需要の面からも一年に一人くらい入所の枠が来れば良い方で、古い者から順番待ちの状態。

必然とお局様となり、上から二番目の副学生長という大役を与えられた。学生長もＷＡＣの先輩で、既に普通免許を持っていて、大型免許の取得と自衛隊車両の訓練だけに参加し、途中から私が学生長に格上げされるのだ。年下の男性自衛官を率いて奮闘する毎日が始まった！

まずは乗ってみろ！

私の担当教官は、「じいさん」と呼ばれる白髪頭の優しい年配の方だった。まず最初は大型トラックの助手席に乗る訓練から始まった。何の説明もなく「まずは乗ってみろ」。大きな大きなトラック。開け放たれたドアは見上げるほど高いところにあり、助手席は見えない。もちろんはしごも無く、どうやって上がるのか分からない。エイヤっと、ドアの下部に飛びついたものの、カエルのジャンプのようにあえなく落ちた。

次はドアにしがみつきながらよじ登るが、ドアは無情にも開いていき、ドアにぶら下がったまま落下した。腕の力だけでは上がれないと分かった。教官はゲラゲラと笑う。

そこで教官が、見本を見せてくれた。「最初はタイヤに足をかけて、次はここを持って、勢いを付けて一気に上るんだ」。おぉ～なんと軽やかな身のこなし。教官なんだからトラックに乗れて当然なんだけど、私はとっても感動して素晴らしいと思った。

手順を頭に入れて何度も挑戦すると、なんとか自分でトラックに乗ることができた。「わぁーい！　乗れた、乗れた！」。初めて座ったトラックの助手席はとても高くて、フロントガラスに広がる景色は単なる自衛隊の中の景色のはずなのに、キラキラととても美しく感じたことを覚えている。

次の日から学科の授業が始まった。最初は「素養テスト」と呼ばれる試験だ。簡単な一般

ぐぬー
ぜー　はー
だく
だく

教養だというが、悪い点数だとその後の教育はおろか、免許なんて取れないと判断される。最悪、原隊復帰（つまり落第）だという。「悪い点数だったらどうしよう……」。こんなところで原隊に帰されたら大変なことになると心配したが、結果はなんとか良い点数が取れて胸をなでおろした。

毎期、必ずといっていいほど試験に落ちる者がいるらしい。実技までは自衛隊で教習し、仮免許は外の免許センターで試験を受ける。仮免許が取れなかった者は、教育終了に伴い原隊に戻ることになる。ＷＡＣの卒業生は皆、優秀な成績だったとのことで、プレッシャーは大きかったが、「せっかく入所させてもらってるんだもの、頑張らなくっちゃ！」とやる気満々の私であった。

毎日の日課として、自衛隊体操と国旗掲揚を終え、朝礼後には、全員で教習コースをジョギングした。大型トラックの教習場の敷地はとても大きかった。

いつも制服だった私も戦闘服に身を包み、「半長靴（はんちょうか）」と呼ばれる重いブーツで走る。私よりも年下の戦闘部隊の男性隊員達。軽いジョギングのつもりだろうが、体力のない会計隊の私は付いていくだけで精一杯。先頭で引っ張るのは必ずといっていいほど、元気なトライアスロンをしている体力自慢の隊員だった。

アスファルトの照り返しが容赦なく熱する中でも、軽快に教習コースを駆ける。私のペースに合わせてくれるなんてことは皆無で、ゼーゼーいいながら、朝から全速力で教習コースを走った。自動車教習であっても、自衛官は体が資本。事あるごとに体力錬成が盛り込まれていた。

ジョギングで終わりではない、これは朝一の日課であり、これから授業が始まるのである。汗だくのまま着席する。クーラーなんてまだ無い時代、扇風機だけでは汗はいつまでも引かなかった。

睡魔との闘い

自動車訓練所での教育が本格的に始まった。大型免許取得に向けて三トン半トラックを転がす。教習は三人一組のグループに分けられ、それぞれに一台のトラックが割り当てられた。私のグループはＷＡＣ二名と男の子が一名。

毎朝、教育開始前に安全点検を実施する。ミラー、ブレーキランプ、ライト等を同期と手分けして点検。中に乗り込む者と外で確認する者、毎日順番で交代した。やはり一番人気は中に乗り込む担当であった。馴れてくると、どのドライバーも隣りの車両と競うかのような早業で高い運転席に手際よく乗り込んだ。

私はというと、いつまでもグズグズで「よっこいしょ」と運転席に着くのに周りから遅れを取るのであった。ひときわ遅れを取るが、「点検なんだからしっかりとやればいい」といってもらえ、確実に点検することを念頭においた。

ランプやライトを外で確認している同期からはＯＫのジェスチャーが返ってくる。異常なしを確認して「安全点検完了！」、今日も一日頑張るぞ！

教育開始当初は座学が多かった。「今までのＷＡＣは成績優秀だった」と聞かされ、とても焦った。きっと実技は男性隊員より劣るだろうから、小テストは悪い成績を取るわけにはいかないと気合を入れた。

授業中は寝ないように……と思うのだが、蒸し暑い空気をかき混ぜるだけの扇風機の風は、なぜか眠りを誘い私は舟をこいだ。「寝たらダメだぁ～」と取り出す秘密兵器は筋肉痛の塗り薬。それを薄く瞼に塗るとスースーして目が覚める。

何度も塗り重ねるとヒリヒリして目が血走るが、それでも睡魔は襲ってきた。ウトウトの居眠りから、コックリと舟をこいで、休み時間はバタンキュー。その理由は自分でも分かっていた。単に寝不足だったのである。

実は原隊である会計隊の人手が足りないという事情から、教育開始前に「シロハト、悪いな。係を持ったまま入校してくれ」と言い渡されていたのだった。

私は毎日、教育が終わると会計隊に戻り、課業外から係業務に就くのであった。昼間にしかできないことは、他の者が代わりにやってくれているが、夕方から仕事をはじめると終わるのは夜中だった。終電には乗らなくっちゃ！　終電を気にするシンデレラのような毎日が続く。

ＷＡＣ隊舎にたどり着いても、それからお風呂に入る。お風呂も清掃時間をとっくに過ぎており、水風呂であった。初夏とはいえ、夜中の水風呂は辛いものがあった。ブルブル震えながらやっと就寝する頃には、とっくに日付が変わっている。

朝は朝で、ギリギリまで会計隊で仕事をして、自動車訓練所に向かった。

そんなある日、いつものように夜中に仕事をしていると、駐屯地の当直さんが巡察で回ってきた。「お疲れさん、会計隊は遅くまで頑張ってるね」と事務所に入ってきたのは自動車訓練所の教官だった。

そこにいたのは訓練生の私で、教官はとても驚いておられた。私の事情がバレてしまった瞬間であった。「ヤバイ～、居眠りの原因がバレちゃった。原隊復帰になっちゃうかも……」。

当然、次の日には騒ぎとなって会計隊長のところに訓練所長が来られた。私を仕事から外すように調整に来られたのだが……会計隊長はスルー。私が居眠りをしなければ良いだけの話。私は道路標識でも道路交通法でもトラックでもなく、睡魔と闘うこととなった。あ～頑張らないと。結局、最後まで係業務から外されることはなく、副学生長を経て学生長として修了まで過ごすこととなってしまうのだった。

パラチフス！　隔離！

睡魔との格闘の最中、とんでもないことが起こった。

ある日、朝から教官室がバタバタと騒がしい。「何事？」、教官達は教場（教室）に顔を出すこともなく、教官室から出て行ったまま帰ってこなかった。しばらくすると、訓練所長と見知らぬ自衛官がやってきて、突然、「この教場から出ることを禁止する」と告げた。「……はい?」皆、意味が分からずポカンとしている。なんでも、遠くの駐屯地で、海外旅行から帰った隊員がパラチフスを発症したらしい。

「パラチフス?」(パラチフスとは、パラチフス菌による感染性。法定伝染病の一つ)遠くの駐屯地の話だよね、それがどうしたというのだろう? と思っていると、そこからが問題で、そのパラチフスを発症した隊員と同じ営内班(同室)から自動車訓練所に来ていた隊員が朝からお腹が痛いといい出し隔離されたという。「あっ! そういえば、あの子、朝から見ないわよね……」「えっ? えーーーっ? だ・か・ら?」パラチフスの疑いのある隊員と接触し感染した可能性があるとして、私達同期全員も隔離されることとなってしまった。

検査を受けて、白黒ハッキリするまでここからは出られない。他の駐屯地の隊員とも接触禁止となった。検査の結果が出るまで約一週間かかるそうだ。それまで自動車訓練所の教場から出られない。「えー、うそー、マジ?」教場内はザワザワとした。法定伝染病の疑いで隔離されるなんて人生で一度あるかないかだわ。いや〜ん。少々骨が折れようが、食中毒が出ようが大きな問題にならない自衛隊も、法定伝染病にはかなわなかったようだ。

隔離って普通はきちんとした病院の施設でするんじゃない? しかし、都合の良いことに自動車訓練場は駐屯地の片隅にあり、一般の隊舎からは離れたところに建っていて、隔離にはもってこいの立地だった。簡易なプレハブ小屋の建物から出るなといわれたまま、所長達はその場を立ち去った。

同期以外は誰もいないガランとした訓練所。やけに静かだ。もちろん授業は無い。教場の中で何をしてもいいといわれても……。テレビもゲームもマンガも何もない、ジュースの自販機があるだけでお菓子もない。蒸し暑く、長机とパイプ椅子しかない教場で、何をして過ごせというのだろう。

教場でおしゃべりをしたり、隅っこでプロレスをして遊んでいる男の子たちがいたりと、皆、最初は元気が良かったが、だんだんと無口になって寝て過ごす者が多くなった。「これって報道されてるんだろうか？」とふと思ったが、こんな街中で大勢がパラチフスの疑いで隔離されているなんて市民が知ったらパニックになるよね。閉鎖された世界の自衛隊の中で隔離されてても誰も知らないんだろうな。ある意味、自衛隊は便利な集団なのかもしれない。

この頃はまだ携帯電話も無く、部隊には自動車訓練所から連絡が行っていたが、親にも伝えられず、人知れず隔離されたまま過ごすしかなかった。

お昼時となり、ご飯が楽しみになった。きっと食堂へは行けないよね、どうするんだろう？　と思っていたら、「運搬食」と呼ばれる方法でご飯が運ばれてきた。しかし、その運んできた人を見てビックリした！　上から下まで白い防護服に身を包んだ隊員が噴霧器を持って登場。目だけ透明の部分から覗いている。たぶん衛生科職種の隊員だと思われる。まだサリン事件も起こっておらず、鳥インフルエンザもない時代、そんな姿の隊員を見たのは初めてで、何かのSF映画のようで、ものすごく怖かった。

授業のないことで呑気に過ごしていた私達は改めて大変なことになってきたと感じた瞬間であった。自衛隊では核爆弾が落ちても、ゴキブリとネズミとレンジャーだけは生き残るとの冗談があるが、さすがにレンジャー教育出の者も青ざめていた。

駐屯地の音は離れていて届かず、近くを通る道路の車の音と、時刻を告げるラッパの音色だけが聞こえる。課業が終わり、この後、どうするのかと不安になっていると、WACだけはここで寝泊まりさせられないとの判断でWAC隊舎に帰ることとなった。

ホッとして会計隊に戻り、「ただいま～」と冷たいお茶を飲んでいたら、「おいっ！　事務所に入るな！　コップも使うな！」と怒られた。パラチフスは経口感染のためマスクをさせられて、すぐに隔離用のジープに乗せられた。WAC隊舎に着くと、中にいる者は部屋から出るなとマイク放送が入り、「娯楽室」と呼ばれる小さな部屋に閉じ込められた。

待機をしていた当直さんは、「妊婦がいますから絶対に部屋から出ないで下さい。必要な物は部屋から持ってきますから、メモをドアの下から出しておいて下さい」とドアの向こうから告げて立ち去った。「なんだかなぁ……何も悪いことしていないのに……元気なのに……」。

そんなこんなの日が続き、やっと一週間が経った。結果は、一番疑われた発症患者と同じ営内班の者もパラチフスにかかっておらず、単なる腹痛だったと判明。私達も疑いが晴れた。長かった一週間、よく耐えたと思う。その後、私達を待ち受けていたのは、一週間も授業が遅れた分を取り戻すためにピッチを上げた訓練だった。それはそれで大変だったが、隔離か

ら解放されて、普段の訓練がどんなに幸せなことか思い知った私達は、より一層真剣に訓練に取り組んだのであった。

ペダルに足が届かない

車両訓練はもちろん基本的なことから始まった。まずはキープレフトを叩き込まれる。操縦席からは距離感がつかめないため、そのラインに竹ざおを置いて、ボンネット上での目印を見つける。キープレフトだけを重視した操縦訓練が続いた。恐る恐るトラックを走らせた。交差点に差し掛かるたびに「右良し、左良し、右良し」と確認し、大きな声で復唱した。

ある時、教官に「ブレーキを踏む時は、足の裏のどの部分が一番良いと思うか」と聞かれた。「ここです」と指差すと、「シロハトはきちんと踏めているか？」といわれた。実は私はブレーキがきちんと踏めていなかった。

踏めなかったというより、椅子を一番前に出しても大きなトラックペダルにしっかりと足が届かず、ブレーキを爪先で踏んでいたのである。教官は私の足の長さが足りなかったことに初めて気付いて驚いていた。

自衛官としては極めて寸足らずな私、こんなところで支障が出るなんて……どうしよう。ハンドルを握っていると、ハンドルの隙間から外を見ているんじゃないか、とか、前から見たら無人トラックだと思われるぞと笑われたが、笑いごとでは無かった。本人にとってはかなりの問題であった。

次の日、教官は嬉しそうに「シロハト！ いい物を持って来たぞ」と上機嫌でやってきた。見ると手に大きな包みを抱えている。中には、可愛いクマちゃんのクッションが入っていた。奥様の手作りだとのこと。それを私の背中に入れて、少しでも前に行けるようにして下さった。

ブレーキを踏む度に、足を伸ばして椅子からズレていた私。このクッションのおかげで安定して踏み込むことが出来るようになった。「班長！ すごくいいです☆」クッションとハンドルに挟まれるような形であったが、幸いなことにお腹も胸も邪魔になるようなところは無い体型であった。

それ以来、私の車両には、自衛隊車両には似合わない大きな可愛いクマちゃんのクッションが備え付けられた。

ガマさんの前で正座

教育期間中に私は怒られることが無かったが、中には怒られる隊員もいた。ひとしきり教官に怒られたら、最後には「反省してこい！」といわれ、広大な自動車訓練所の片隅の芝生に正座している哀れな同期を何度となく見かけた。その正座をしている場所には、「ガマさん」と呼ばれる大きな陶器製のカエルの焼き物があった。

何かやらかすと、ガマさんの前で正座して反省するのが自動車訓練場の慣わしだった。しばらくしてガマさんの所から戻った隊員に「ガマさんがもういいといったのか？」と聞く教官。すると隊員は「はい」と答える。「ほんとうにガマさんはいいっていったのか？」と聞くと「はい、いいました」「バカ野郎！　ガマさんが話す訳ないだろう」とまた怒られるのである。

漫才のようなやり取りに毎度笑うのだが、男性隊員は、正座から解放されたくて、ついついウソをついてしまうのだとか。ガマさんは、「無事にカエル」の自動車訓練所の守り神。いつも皆を見守ってくれているように思った。

ガマさんが草に埋もれないように、草刈は頻繁に行なわれた。広大な緑地は草刈がとても大変であった。暑い季節に汗をかきながら作業したことを思い出す。あの広い緑地にガマさんは現在も健在だろうか？　機会があったらガマさんに会いに行きたい。

普通じゃないのがカッコイイ

自動車訓練所での訓練もたけなわとなった。毎日、自動車訓練場へと続く坂道をワクワクしながら通う。

もうとっくに伝染病のパラチフスのことは忘れていたが、周りに与えた印象は強く、収束してからも会計隊では「パラちゃん」と呼ばれた。

方面管内においてもシロハト士長よりも、「あ～、あのパラちゃんね」といわれる始末。会計隊では合言葉が流行り、山～川ならぬ「パラ」といったら「チフス」と答えろって。「はい、会計隊シロハト士長です」と電話を取ると、電話口からいきなり「パラ！」と聞こえてくる。とっさに「チフス！」と答える私も私だが……。そんな訳の分からない遊びが蔓延した。しかし、私は「そもそもパラチフスにはかかっていませんから！」と大きな声でいいたかった。

初夏の日差しを浴びて今日も元気に三トン半トラックに乗り込む。三人一組の教習チームでトラックに乗らない者は、ずっと待機であった。次の者は教習コース脇のおんぼろ小屋で、もう一人は教場で、教科書を読んだり、イメージトレーニングしたりとそれぞれの出番を待った。教習は右折と左折、車庫入れ等が加わり、日増しに高度になっていく。

高い運転席からの見通しはとても良いが、右左折の際は緊張した。確認事項も増え「右良し、左良し、左後方良し！」と大きな声で復唱する。

この頃、ちょうど交通安全週間があり、私は日頃の思いを標語に込めた。「来ないだろう行けるだろう　一番危ない〝だろう運転〟」この標語が晴れて駐屯地の標語コンクールで優秀賞をいただき、駐屯地朝礼で前に出て司令から表彰された（我ながらよく覚えていたものだ）。ほんとうに運転は緊張の連続である。気を引き締めて頑張らねば！

普段、会計隊では制服勤務だったため、毎日が戦闘服での訓練は、私にとって新鮮だった。久々に履く半長靴と呼ばれる編み上げブーツでは、靴擦れを起こした。

パンプスの靴擦れの位置ではなく、両足のふくらはぎの少し下辺りに絆創膏を貼っている女の子。どうしたらそんな所をケガできるのかと思うような場所である。恥ずかしくてスカートが履けなかった。

初夏のため、作業ズボンに夏服三種と呼ばれる半袖制服兼作業服（防暑服）。そして半長靴とライナーと呼ばれるヘルメット姿、それに雑嚢（ざつのう）と呼ばれるカバンを肩から下げて。どこをどう見ても普通の女の子ではなかったが、それがカッコイイと思えるようになっていた。

地元のお友達も車の免許を取りに行く年頃となり、共通の話題で盛り上がるかと思いきや、トラックでの教習と大型免許に驚かれ、私の写真を見せると絶句された。やっぱり普通の女の子じゃないんだね。でもいいよね、毎日とても楽しい☆

紳士的だった「じいさん」教官の秘密

私の教官である「じいさん」と呼ばれていた人は、東北訛りで坊主で白髪頭のおじいちゃん班長。厳しくもとても優しい班長だった。皆から慕われ頼りにされていた。とても優秀に思うのだが、階級は低かった。自動車訓練所の教官要員は、さまざまな職種の者が集まっており、いわゆる「共通職域」であった。運転が安全で上手いのは当然ながら教えることに卓越している人格者が多かったように思う。

しかし昔々の自衛隊、自動車訓練所の教官要員は、トラック野郎のようなイカツイ人が多かった。そして、その見た目とは裏腹に、皆とても優しかった。選ばれてここに来た者、希望してここに来た者、人それぞれであったが、私の班長は皆とは少し違い訳ありであった。

ある日、班長と話していると「俺はずっとここにいるから、訓練が終わっても、いつでも遊びに来いよ」といった。「班長は転属しないのですか?」と聞くと、「俺は中卒だから頭が悪いんだよ」「でもさシロハト、俺は若い頃はモテたんだぞ。飲み会に行くだろ、そうすると女の子がどこの学校の出身かって聞くんだよ。俺は『リッキョウ』って答えるんだ（注：自衛隊では陸曹教育課程のことを「陸教」と呼ぶ）。すると女の子は立教大学だと思ってキャーキャーいうんだ」と話をごまかした。しかし最後に「俺はここから出られないから……」とポツリといった。

その時の横顔が悲しそうでずっと気になっていた。他の教官と話した際に、それとなく聞いてみると、「あぁ、じいさんは優秀な人だったけど、かわいそうなことがあったんだよ」と語りだした。

なんでも、班長が部隊で小隊長をしていた頃、真冬の災害派遣の帰り道、班員はズブ濡れとなり、トラックの後ろの席で寒さに凍えていた。救助を一番に、自分たちの寒さ対策などは何もなかった。「このままでは、自分の班員が危ない」と班長は判断し、やむを得ず、災害派遣を終えた帰り道ではあったが、車両のサイレンを鳴らして帰隊を急いだ。それが後日問題となり処分され、縁の無い遠くの自動車訓練所であるここに左遷されたとのこと。

部下を思うあまりの苦肉の策。それでも許されなかったのだ。この時代、まだまだ世間の自衛隊に対する目は冷たかった。班長が部隊を転出する際、部下達は涙したそうだ。

私はまだ士長で、自衛隊のことはあまり分からなかったと思うが、こんな人事があることを初めて知り、衝撃と共により一層、班長を尊敬したのであった。部下思いの班長は、自動車訓練所でたくさんの学生を受け持ち、免許取得に貢献した。

特にＷＡＣ担当の教官として、班長は訓練所では「安全牌」と称されていた。教官としての卓越した技術もさることながら、女性に対してとても紳士的だったからである。だからといって、その他の教官等が紳士じゃなかったということではない。

まだまだ女性自衛官が少なかった時代、会計隊のように昔からＷＡＣが配属されている部隊は慣れているが、ＷＡＣのいない部隊もまだ数多くあり、やっと新たな職域改革が始まろうとしていた頃。女性自衛官と話をしたことが無い男性自衛官の方が多かったと思う。ただ、どう女性自衛官を扱ってよいのか分からない部隊や、どう接して良いか分からない男性隊員もたくさんいたように思う。

まだセクハラという言葉も無く、WACに慣れている会計隊ではオッサンの下ネタで鍛えられた。嫌な顔をするのではなく「倍返しできるくらいのWACになれ！」と喝が飛ぶ。こうしてオッサン達の中でWACは強くなっていった。ただこれは、私のところだけだったかもしれない。その後、私はこれが普通だと思って育っていくのだが、今の時代ならとっくに訴えられてクビになっているんじゃないかと思う（笑）。WACは大切にされていたが、当時、果たして自衛官として期待されていたかどうかは疑問である。

ヘビにつまずく

長机とパイプ椅子しかない、殺風景で蒸し暑い教場。休み時間にはWACの同期と一緒に外に出て日陰で遊んだ。自動車訓練所の近くには、レンジャー隊員の訓練のためのヘリコプターの機体があった。乗り降りの訓練用で、もちろんエンジン等が外された飛べないヘリコプターである。やることがない私たちは、ヘリコプターの座席で、「右良し、左良し、左後方良し！」とトラックの練習をして遊んだ。

いつものように坂道をヘリコプターの方に下っていると、私は何かに思いっきりつまづい

た。見ると太いホースのような物が地面に取っ手のように刺さっている。「何これ？」よ～く見るとヘビである。「ギャー‼」、地面の穴から穴へとヘビが移動している最中で、道の真ん中で胴体だけが地面に出ていたのだ。なかなか立派なヘビだった。
「こんなの見たことないよ」私も驚いたが、きっとヘビも驚いたことだろう。そのヘビは微動だにしない。ツンツンしてもヘビは動かない。「どうしよう？ 死んじゃった？ 痛かったよね……ごめんね」。
休み時間が終わりに近づいたがヘビが心配で心配でしかたなかった。後ろを振り返りながらヘビを見た。するとヘビが少し動いた！ 私たちが前を見るとヘビは動き、後ろを振り返るとヘビは止まる。私たちの動きが見えているかのような絶妙のタイミング。「今、動いたよね？」私たちはとても喜んだ。

その後、大蛇はヘリコプターの方へと行ったようだった。ヘリコプターの付近は訓練地域のため、草が生い茂っている。その件以来「ヘビが出るから」と訓練地域に近づくことが禁止となってしまった。あらら、あのヘビとまた会いたかったのに。

数日後、また坂道に変な物が落ちていた。それは大きな大きなヘビの抜け殻だった。何個のお財布が出来るのだろうと思うほど大きかった。私と同期は「きっとあの子の抜け殻だよね！」「元気になって良かったね」と嬉しくなった。

駐屯地は都会にあっても、緑の多いところが多い。そのため、さまざまな生き物が住みつくのである。虫は当然のように多い。ヤモリなどもよく見かけたし中には部屋のベッドでムカデに刺された者もいた。レンジャー訓練用の池にはガチョウやスッポンもいた。

誰かが飼っている訳ではないが、犬やネコは必ずいた。日頃の厳しい訓練の合間に、動物に癒されたい隊員がいるのである。犬は時に演習に連れて行く時もあるとか。

番犬なのか救助犬のように使うのか知らないが、「最近あの犬を見かけないよね？」というと「あぁ、演習に行ってるよ」といわれ、驚いたことがあった。レンジャーが訓練で食べたというウワサもささやかれていたが、ほんとうかどうかは分からない。

犬やネコは隊舎の片隅か糧食班の近くに住んでいることも多く、自衛隊内では食に困ることはなさそうだった。

昔は営門に番犬のようにちょこんと座っている犬がいるのも一般的だった。ある所では、顔パスで営門を通る駐屯地司令に犬が吠えたそうで、駐屯地司令はその犬を褒め称え、賞詞を与えたそうだ。また、首輪に階級章を着けている犬などもいた。

最近は「野生の動物を餌付けしてはいけない」という世間の風潮や衛生面からか、あまり見かけなくなった。

しかし野生のタヌキなども多く、演習場に隣接している駐屯地ではシカや熊も出ると聞く。とにかく自衛隊内には様々な動物がいるが、自衛隊員は温かい目で見守っている。

同期の団結に助けられ

一緒に訓練を受けていたＷＡＣの先輩が訓練終了となった。先輩は学生長であったため、副学生長であった次級者の私が繰り上げで学生長をすることとなった。先輩は陸曹候補生で、学生長として学生の取りまとめを大変頑張っておられた。それに比べて、次級者といっても私はただの士長だった。「先輩の代わりなんてできませんよ～」と半泣きになりながら先輩を見送った。なんとも頼りない学生長の誕生であった。

次の日から、朝礼の号令や授業の挨拶などを私がやらなければならなくなった。先輩がやっていたことを思い出しながらやるのだが、そんなに簡単にはできなかった。

部隊でも下っ端の私は指揮を執ることは皆無である。皆の前で号令をかけることにとても緊張した。でたらめな号令、切れの悪い号令、下手くそな自分の基本教練……先輩の偉大さを痛感して自信がなくだんだんと小さな声になっていく。

極めつけは、朝の自衛隊体操であった。体操のできる間隔に皆を散開させなければならないのだが、それを忘れ、間隔を直す余裕もないまま、体操の号令も緊張して早くて早くて……。さすがに教官から指摘を受けて、あまりの自分のふがいなさに凹んでしまった。

すると次の日から、レンジャー出身の後輩たちが率先して、自衛隊体操を受け持ってくれた。「みんなで順番に回そう」「サクラさんだけ大変な思いはさせられない」と係を手分けしてくれたのだ。「みんな、ありがとう」。

私は同期のみんなに助けられた。私たちは今までより一層団結して免許取得に向けて努力した。

自動車訓練所にとって、このような期は珍しかったようで、最後の講評では所長から全員が褒められた。たまには頼りない学生長もいいのかもしれない。

それからというもの私は「完璧な女の子は可愛くない」をモットーに(?)我が道を進むのであった。

第8章
自動車訓練所修了

教習コースで自主トレ

自動車訓練所での訓練も、仮免許取得へと向けて厳しさを増したものとなってきた。学科と実習と課業外の仕事と、何かと時間に追われる日々。学生長も同期の助けで何とかこなしていた。朝礼後の駆け足も、男性陣のお荷物にならないように、体力錬成にも力を入れた。この頃、教習コースを覚えるために、課業外や休みの日に、訓練所のコースを走る自主トレーニングが流行った。「営内者（えいないしゃ）」と呼ばれる自衛隊内に暮らしている者は自転車を持ち込み走った。ほとんどの者がトライアスロンに使うレース用の自転車やマウンテンバイクで、ママチャリ派は少なかった。皆は初夏の風を受けて、自慢の自転車で颯爽とコースを駆け抜ける。「右良し、左良し、左後方良し！」。気持よさそうに大きな声で練習している。

私はというと、WAC隊舎が駐屯地に無かったため自転車を持っておらず、駆け足でコースを回った。日頃は教習所の中を大型トラックで走ると狭く感じていたのだが、駆け足で走るとなると思ったよりも広かった。皆が自転車で何周も練習しているのに、私は一周で息が上がった。

それでもやらないよりはマシ。体力錬成の時間が取れない分、勉強を兼ねて体力錬成ができることはありがたかった。「一石二鳥だわ♪」、終わった後のジュースを楽しみに私達は汗を流した。

本来、休みの日や課業外に勝手に教習コースに立ち入ることは良くないことだったため、その都度、「警衛」と呼ばれる駐屯地の警備や当直等に通報されていたようだが、所長からは何も注意されることは無かった。反対に自主トレーニングで自ら進んで学ぶ姿勢を評価して下さったようだった。

S字バック成功！

大型トラックの大きなタイヤ交換を学んだ際には、「こんな大きいの交換できるかなぁ」と内心思った。

なんとか交換できた後も、「ほんとうに走れるかしら？　取れないかしら？」と自信がなく、ヒヤヒヤした。一度や二度の体験だけでは技術なんてなかなか身に付かないが、命に関わることなので真剣に学んだ。これから部隊においての実践でさらに学んでいくのだろうなぁ。

クランクやS字や坂道発進も意外と簡単にクリアできた。ある時、班長が「シロハト、S字バックなんてできないだろう」とニヤニヤ笑う。「やってみます」と試しにやってみると、なぜかすんなりできてしまった。班長も私自身も驚いて「班長！　できちゃった‼」と大はしゃぎ。「よ～し、シロハトご褒美だ！　これをやろう」と班長はポケットからアメを取り出した。訓練中に他の班には内緒でアメをほおばる私達の班。アメ玉一個で幸せを感じた☆

お茶汲みと女性自衛官

日直という当番が日替わりで回ってくる。所長や教官への朝のお茶出しから始まり、黒板の掃除など軽い仕事が与えられる。

ある日、私が日直のときに、所長等にお茶を出していると、「やっぱり女性の入れたお茶は美味しいなぁ」と教官がいった。会計隊では下っ端だったので、お茶を出すことは当たり前のことで、女性だからとか意識したことはなかった。ましてや男性が女性が入れたお茶が美味しいと思うなんて知らなかった。

「同じお茶っ葉で特別な入れ方なんてしてませんよ?」といってみたが、教官達は口を揃えて「違うんだよ」というのである。「毎日、シロハト士長が出してくれたらいいのになぁ」と教官達は笑う。何が違うんだろう? とても不思議であった。

私は教場に帰って同期に話した。すると同期の男の子達は、部隊でお茶を入れたことが無い者がほとんどだった。そして所長等にお茶出しすることが緊張して苦手だと聞かされた。「あれ? そうなの? お茶出しが苦手なんだぁ……」。事務職でない戦闘職種の現場では、お茶出しはしないそうである。

学生長として未熟な私は、学生長の仕事を皆が分担してくれて、同期の皆にあらゆる面で助けられていた。私にできる恩返しは……お茶出し?「良かったら、毎朝のお茶出しは私がやろうか?」というと、皆が「ほんとうに? いいの?」と大喜びである。そんなに喜んでくれることだなんて思いもよらなかった。

ほどなくして私はお茶出し係として上番することとなった。教官達も「ほんとうにいいのか? ヤッター!」などと大喜びである。お茶一つで、なんでこんなに喜ぶんだろう? 何も特別なことではないのに。そんなに喜んで下さるならいつでもお茶くらい出しますよ☆

当時、男性社会の自衛隊内において、数少ないWAC(女性)にお茶を出されることは滅多に無かったと思う。同じお茶であっても、女性が出してくれたお茶の方が美味しいと感じる男性がいることに、この頃の私はまだ気付いていなかった。

女性がお茶出しすることが当たり前の時代に何とも思わず育った私。先輩に作法を教えてもらい、そしていつしか後輩へと引き継いでいく。お茶出しをはじめ、庶務業務などの気遣いは、退職後も役に立つ、いわば嫁入り修行の一環であったように感じる。

各駐屯地には必ず口うるさい嫌われ役のお局様がおられて、ＷＡＣというひとくくりで指揮系統の違いも関係なくご指導をいただくのだが、それはそれで後から考えると大事なことを教えてもらっていたと思えることが多い。反対にそういう厳しい先輩がいなければ各部隊に少人数しかいなかったＷＡＣの統率はできなかったであろう。

現在は、各部隊に大勢のＷＡＣがいて、部隊内で指導ができるようになっている。そのため昔と同じような指揮系統を無視した指導をするとパワハラで訴えられるだろう。

この後の自衛隊生活においても、来賓の接遇や偉い方の来訪時などには、必ずといっていいほどＷＡＣが駆り出された。

通常は命令により、「幹部×一、曹士×二」などの差出人員が指定されるのだが、その中にＷＡＣという記載は無い。だが、当然のようにＷＡＣには個別調整で別任務が与えられ、行事等の際には、最初から部隊の頭数に入れていないのが現状であった。

部隊の所属ではあるものの、正規の指揮系統を超えて、駐屯地司令の直轄のような運用が多かった。現在もその風習は若干残っているようだ。

例を挙げれば、観閲行進はその代表的なものではないだろうか。そもそも陸上自衛隊においては女性だけの部隊は無く、女性自衛官教育隊に入校中の学生などをかき集めて「部隊風」に仕上げている。職種ごとや部隊ごとに行進している中、女性だけで隊列を作ることには少し違和感を覚える。

最近の観閲式では、職種の隊列の中にポツポツと女性自衛官が混ざっている所もあった。あれが普通なのではないかと思う。もちろん女性だけの隊列は華やかで人気があり素敵だと思うし、いけないことだとも思わないが。

昔は、男性社会である自衛隊においてＷＡＣに求められたのは「女性らしさ」だったのではないかと今でも思う。

男性にはできない細やかな心配りや、作法等。それは男尊女卑とか差別ではなく、女性の良いところを活かしてお互い補う役目だったのではないかと思う。

現在は、男女雇用均等法等により、女性の雇用形態も変わり、社会において飛躍できる環境が整いつつある。男性と同等にキャリアを重ねる優秀な女性が増え、育児をしながら社会で活躍できることに女性として喜ばしいと思う反面、自衛隊に限っては何かが違うと感じるのは古いタイプの人間なのであろう。

例えば、いくら優秀な女性自衛官であっても、男性自衛官と体力勝負となると敵う者は少なく、「仮に男性に負けない体力自慢の女性がいても、それを自衛隊は求めているのだろうか？」としばしば疑問に思う時がある。

公平にと男女比がちょうど半分になったなら、自衛隊は機能しないであろう。男女の差別はあってはならないが、区別は必要ではないかと思う今日この頃。

可愛いメガネが欲しかった……

さて、免許取得に向けてやる気満々な私達。しかし毎期、必ずといっていいほど不合格者が出るのだそうだ。そのほとんどは学力が低く、免許センターでの学科試験に落ちるのだ。しかし私達の期は、皆とても仲が良く、絶対に全員で合格するぞ！　と気合を入れた。学科が不得意な者には得意な者が付きっきりで教えている。同期の中でも先輩後輩があるのだが、それを越えて皆でフォローしあった。

教場の別室では、深視力の練習が始まった。大型免許では、普通の視力の他に深視力も必要なのである。深視力測定器を覗き込んで、三本の棒の内、真ん中の一本だけが前後に動き、それらが横一線に並んだところでボタンを押すのだ。しかし、何度やっても私は上手くできなかった。「なんでできないんだろう？」ととても困った。「私は深視力音痴なんだろうか？」。するとメガネが合っていないのではないかといわれた。

普段はメガネをかけるほどではないが、運転の時だけは使用する軽度な近視であった。部隊に帰り、先任に相談するとすぐにメガネ屋さんに行くよう手配してくれた。

今のように遅くまで営業しているメガネ屋さんがたくさんある時代ではなく、電話帳で様々なメガネ屋さんに電話してくれて、やっと隣町に夜でも営業しているメガネ屋さんを見つけた。

幹部の方の私有車に乗せてもらい、メガネ屋さんに直行。やはり今のメガネでは深視力が合っていなかったようだ。可愛いメガネが欲しかったが、自衛隊で使える地味なメガネを選び、人騒がせしたが、おかげ様で一件落着したのだった。

学科試験——全員合格！

ついに学科の試験のために運転免許センターに行く日が来た！

運転免許センターに向かうマイクロバスの中は静まり返っていた。皆、とても緊張しているようだ。ここでもし落ちても何回かは再チャレンジできるとのこと。もし再チャレンジでも落ちたなら……そのまま原隊復帰である。そんなことになってしまったら、何ヵ月も訓練に出してくれた部隊に申し訳が立たない。そして恥ずかしくて部隊にいられないかもしれない。そんなことばかり考えていた。

いつもの戦闘服ではなく、制服上下に身を包み、写真には写らない靴もピカピカである。服装からも皆の並々ならぬ意気込みを感じる。一番緊張しているのは、学科が得意でない者だった。夜間の高校に通っていた古手の士長だ。後輩達がギリギリまで勉強を教えている。

「大丈夫！　みんな一緒に合格しよう！」と誰かが大きな声でいった。固くなっていた空気が一瞬にして緩み、「そうだ！　そうだ！」「頑張ろう！」とあちこちから声が上がった。みんな緊張して一緒の気持だったんだね。私も頑張らなくちゃ。

運転免許センターに着き、マイクロバスから下車し、言葉少なく受験会場へと移動する。班長の説明を聞き、時間になったら会場の中に入った。ここからは班長達もどうしてあげることもできない個人の戦いである。

試験はなんとか終わった。受かったかどうかは良く分からない。いくつかのグループに分かれて受験していたため、全員が揃うまで時間を要した。その間も合否の発表はなく、何ともいえない時間が流れる。

合格者は電光掲示板に受験番号が出ることで分かるシステムだ。全員が受験を終え、しばらくすると「結果が出てる！」と同期が走ってきた。みんなで恐る恐る電光掲示板の方へと向かう。

見たいような・見たくないような……。「どうか私の番号がありますように」。電光掲示板に目をやると「あったよ！　桜さんもあったよ！」と他の者から先に教えられた。「ほんとだぁ、あった〜！」自分の目でも確認し、感動した。

しかし、一人だけ不合格者が出た。一番気にしていた者だった。喜びも束の間、全員での合格を目指していたので皆で落ち込んだ。

だが、まだ何回かは再チャレンジできる。一度経験をしたので、どんな感じで問題が出るのか分かったはずだ。次こそは全員合格しようと、さらに強化して教えることとなった。全員合格は最後まで諦めない。合格した者は仮免許を受領し、路上教習等の次の課程へと進む準備だ。その間に、不合格者は二回目の受験をする。

再受験の日、皆で本人以上にソワソワしながら「頑張れよ！」と口々にいい、見送ったのであった。その結果、見事合格し、私たちの全員合格の目標はめでたく達成された。自動車訓練所は自分のことのように歓喜に沸いた。さあ次は遂に路上へと繰り出すぞ！

初めての路上教習

仮免許をもらっていよいよ路上教習開始だ！　今までずっと自動車訓練所の教習コースを走っていたから、外の世界に出ることに憧れていた。毎日の通勤で徒歩で営門を通るのとは大違い。仮免許教習中の大きな表示板を取り付けたトラックで娑婆に出るのだ。

営門を出る瞬間は、嬉しいやら緊張するやら心臓バクバクだった。外の道はのんびりとした訓練所のコースとは違い、次から次へと様々な状況が起こる。それも訓練ではなく本物の出来事。

営門を出るとすぐに左折して、上り坂の交差点へ突入。「あ〜、信号機が赤になりませんように」。坂道発進は苦手ではなかったが、民間の小さな乗用車に自衛隊の大型トラックを当てたらどうしようとヒヤヒヤする。

自動車訓練所の道幅と同じのはずの外の道には、行き交う人や軒先を出した店舗、バイクや自転車が側を走り、とても怖くて狭く感じた。

私は緊張のあまり、いつの間にかいつも大きな声で復唱していた「右良し、左良し、左後方良し」の安全確認の声を怠っていた。それでも班長は何もいわず、変わらぬおだやかな雰囲気で助手席で見守ってくれていた。きっと私に動揺を与えないように、怒らなかったのだろうなと思う。

次第に緊張が解けた私は、歩道を散歩する小さな白い可愛い犬を見つけた。「あのワンちゃん可愛いですね」というと班長は「シロハト、そんな物を見ている余裕があるのか?」と驚いたよう。「おまえ〜、そんな余裕があるなら復唱しろ!」と途端に怒られた。私は復唱していなかったことに気付き、しまったと思った。

国道といっても細い田舎道。大きなトラックは滅多に走っていない。高い運転席からの眺めはとても気持が良く、何台も先まで見渡せた。童話のガリバーと小人のように、一般車がミニカーのように思えた。

班長が「シロハト、今、後ろにいる車は何色だ?」と突然聞いてきた。「はい、確か白色だと思います」と答えると、「おぉ〜、ちゃんと見てるじゃないか」と班長は頷く。

高い車体のバックミラーには、二台目以降の車しか映らない。白い車は車体の陰に入ってバックミラーには映っていなかったのだ。後ろもきちんと気にしながら運転していたんだなと、自分でも感心してしまった。

午後の国道は、お買い物の主婦などが行き交い、のどかな雰囲気だった。自衛隊のトラックくらいでは、誰も振り向かない。街中の景色の中に自衛隊のトラックが溶け込んでいる。初めての路上走行は何とか無事に終わった。きっと私以上に班長の方が安堵したと思う。

よく考えると、下手くそな運転の車に動揺を見せずに乗るのは大変だったろうなと思った。きっと足を踏ん張ったり、椅子の端を握ったり、力が入っていたことだろう。今夜あたり班長は筋肉痛になってるかもと思った。

幅寄せトラック来襲！

何度目かの路上教習で、高速走行を行なった。大きな道を通って近くのバイパスまで行くのだ。高速走行がとても苦手な私。自分で運転する大きな鉄の塊で高スピードを出すなんて考えるだけで身震いする。最も緊張の場面であった。

そんな中、バイパスに行く途中で、突然幅寄せしてくる中型のトラックに遭遇。当時はまだ自衛隊の社会的地位は低く、嫌悪感を持つ人が多い地域だったため、こうした嫌がらせも多かった。

「何、このトラック？　班長……怖いです」「シロハト、気にするな。まっすぐ見て運転に集中しろ」班長はいつものことなのか落ち着いている。

「イヤ〜ン、なんでこんなことするの？　怖いです」「大丈夫だ、いざとなったら俺が怒鳴ってやる」「班長、いざって？　ぶつけられるんですか？」、私は怖くて怖くて泣きそうだった。班長も怖いといって半泣きの私が運転する車両に乗っているのだから、生きた心地がしなかったかもしれない。

クーラーが無いトラックの窓は開けっぱなしで、班長はトラックの運転手を睨みつける。今にも一触即発の状態だ。

信号機で相手のトラックと横並びに止まった時、アクセルを空吹かしして威嚇してきた。私は恐る恐る運転手の顔を見てみた。すると恐ろしい顔で睨んでいる男性と目が合った。

途端にその男性はハッとした顔をして固まった。「ライナー」と呼ばれるブカブカのヘルメットの中には、恐怖で今にもこぼれそうな涙を溜めた自衛隊の女の子。意地悪な運転をしていたトラックはスーっと速度を落とし、私の車から距離を取った。

自衛隊の男性だと思って嫌がらせをしたのに、女の子を泣かせてしまい、きっと「マズイ!!」と思ったに違いない。その時の驚いた顔が今でも忘れられない。男性だったらずっと嫌がらせ運転は続いたのだろうか？　悪質な危険極まりない行為だと思った。

この先も、自衛隊車両を運転していて何度も同様の嫌がらせに遭った。自衛隊だからって何でこんなことをするのだろう？　といつも悲しくなった。

皆さん、どうか自衛隊車両が操縦訓練していても優しくしてあげて下さいね！

だけど下手くそな運転だったので、見かねて譲ってもらったり助けてもらうことも度々あった。そのほとんどがトラックの運転手さんだった。

例えば、上り坂の先が合流点の道で、合流できずに詰まっていると、後ろにいたロングトラックが私を抜かして強引に行ってしまった……と思いきや、なんとトラックが道を塞いで「入れ」と合図を出してくれたのだ。なんて優しいんだろうと感動した。

またある時は、山道で離合が難航し、バックすら出来ずに困っていたら、山道をバックで登って譲ってくれた大型ダンプ。いかつい「トラック野郎」の風貌とは裏腹に、大きなトラックになればなるほど運転手さんは優しくて、プロの運転手さんってかっこ良くてスゴイなと尊敬した。

そして余談であるが、民間のデコレーショントラック（通称「デコトラ」）の映画に出てきそうなギンギラギンの電飾にも憧れた。あの車にかける情熱は男性特有ではないだろうか？　電気系統に弱い女子にはデコトラはとっても素敵に見え、ポイントは高得点である。家電にも強いのかな？　クリスマスのイルミネーションにも応用できそうだわと妄想。ついでに、運転席の後ろのボンボリの付いたカーテンの後ろはどうなってるのかな？　今でもとても気になる（笑）。自衛隊車両には無い設備に興味津々であった。

将来はトラック運転手のお嫁さんになって、大きなトラックで全国を旅したいなぁと夢見たシロハト桜であった。

特技技能ＭＯＳの習得に励む

路上教習と見極めを無事に終え、最後は自衛隊の特技技能の習得を残すのみ。「ＭＯＳ（モス）」と呼ばれる自衛隊の中で使用する特技認定がある。

自動車訓練所で私が受けたのは、「初級装輪操縦」という訓練で、一般的な自衛隊車両の操縦について学んだ。部隊の車両操縦手になるためには、この特技認定が必要である。この技能訓練は自衛隊ならではの内容だ。演習場等での「不整地走行」や夜間の「無灯火走行」をはじめ、自衛隊流の整備のやり方、自衛隊車両独特の仕組み等の教育を受ける。私もきっと訓練を受けたはずなのに、全く覚えていないのはどういうことなのだろう？　会計科職種の私にはあまり関係ないなと思ったのかもしれない。

ここまで来ると、自動車訓練所ものんびりとした雰囲気で、教育修了に向けて掃除をしたり、様々な整備等に励んだ。

私の掃除場所は、いつも教場前のコンクリートの廊下と決まっていた。掃き掃除をし、水まきをする。「またシロハトが水遊びをしている」と教官達は笑った。

シロハトが「所長賞」!?

修了式を明日に控えた夕方。いつものように職場に戻り、仕事をしていると、会計隊長が「大変だ!!　大変だ!!」と大声で叫びながら隊長室から飛び出してきた。慌てている隊長に、事務所にいた皆は何事かと注目する。「明日、俺……来賓で呼ばれた！」と隊長は、息絶え絶えにいった。

「明日は……シロハト士長の自動車訓練所の修了式だよね？」「隊長は出席だったたっけ？」と口々にざわついていると「だから、来賓だって!!」と隊長は騒ぐが、意味が分からない私達。「シロハトが所長賞を取ったんだってばーーー!!」と隊長は叫んだ。「えええええ?.?.?.」会計隊の事務所は大騒ぎとなった。

それでも意味が分からなかった私は「所長賞って、誰でももらえる『頑張ったで賞』みたいな物ですか?」と聞くと、「バカかおまえはっっ!!」と興奮している隊長から雷が落ちた。「おまえが一番を取ったんだよ!」といわれても、まだキョトンとして理解できない私であった。「……はい?　えっ!　私?」。私も驚いたが、同僚も隊長もムチャクチャ驚いている。

体力のある男性陣を抑えて、WACが所長賞を取るなんて前代未聞であった。ましてや戦闘職種のWACではなく、自衛隊内でも軽視されがちな会計科職種である。WACが自動車訓練所で賞を取るなんて訓練所始まって以来の出来事であり、方面内の会計隊においても初の快挙に、会計隊員全員が大いに喜んでくれた。

自動車訓練所修了式

翌日の修了式。私は朝から憂鬱な気分だった。「私なんかが所長賞……これは何かの間違いじゃないかしら?　もしかして、ドッキリ?」「それとも、父が自衛官だったから特別扱いの七光り?　教官達もきっと父を知っているもの……」。

複雑な気持で教官室に最後のお茶を出しに行った。教官達は口々に「おめでとう☆」といって下さった。やっぱり私が受賞するのはほんとうなんだ……。「あの、ほんとうに私なんかがいただいてもいいのでしょうか？」とまだ信じられずに聞くと、「小テストや学科はほぼ満点だったし、実技も人一倍努力してただろう？」「全員一致で文句なしだ、自信を持ちなさい」といわれてポロポロと涙が溢れた。「今までのＷＡＣは皆、優秀だった」と最初に聞いて、「どうしよう……」と必死に勉強した。部隊の事情で係仕事を持ったままの訓練参加、その他も不器用なりに一生懸命やっていたことを見ていて下さったのだ。ウンウンと頷いている班長を見つけて「班長、ありがとうございました！」と泣きっ面が笑顔に変わった。

学生長として、そして受賞者として緊張の式典。傍らで会計隊長は胸にリボンを着けて来賓席に着いた。部隊長は自動車訓練所の修了式には参列しない。誇らしい格別の来賓だった。「ひ弱で部隊に迷惑ばかりかけたけど、少しは恩返しできたかな？」。私は学生長として最後の号令をかけた。

同期の皆は、私の受賞を喜んでくれた。未熟な学生長を助けてくれてありがとう。私は心から感謝した。「またいつでも遊びに来いよ」と教官達は声をかけて下さった。良き同期や教官達に恵まれて、私は無事に自動車訓練所を卒業した。

自動車訓練所の教官達は、運転が上手で、教える技術も卓越していた。なんてカッコイイのだろう。私もいつか班長のような教官になれたらいいのにと思った。自動車訓練所の先任に、「私もいつか教官になってみたいです！」と話すと、「よ〜し、シロハト士長はここに転属だな。部隊でしっかりと訓練を積んでおきなさい」といわれた。単純な私はとても嬉しく、いつかを夢見て頑張ろうと思った。

この会話が社交辞令だったと気付くのはもっと先のことである。ほんとうに教官になれると思っていた私はなんと可愛かったことか。

でも未だに自動車訓練所に女性の教官がいる話は聞いたことがないが、どこかで活躍されている方がおられたらいいなぁ。

その後、私は部隊のドライバー要員として、主としてジープに乗り、銀行やお役所等へ上司を乗せて通った。会計隊では制服着用が通常だった。当時はまだ女性の制服にはズボンの官給品はなかったため常にスカートだった。タイトスカートに「短靴（たんか）」と呼ばれるパンプスを履き、ジープを運転するのは一苦労。乗り降り一つにも気を遣う。特に旧型のジープは夏場にはドアを外す。横から見ると運転席は丸見えで、マニュアル車を必死に運転する無防備な姿は出血大サービスだったかもしれない。

遠き若き日に取得した大型免許。今も免許証は「大型1」のみで、一見して元自衛官と分かる。ただ残念なことに事故をして、それ以来自動車の運転は苦手となってしまった私。現在は近場専門のペーパードライバーのようになってしまった。せっかく所長賞をいただいたのにごめんなさい。

第９章——三年目の夏の思い出

識別帽のこだわり

入隊三年目、またしても灼熱の夏がやってきた！

自動車訓練所で所長賞を取ったことは、方面内の会計隊の機関紙に載り、一躍時の人となった。私は意気揚々とお役所や銀行へジープで通う日々を過ごす。しかしまだまだ下手くそな運転で、よくあれで高速に乗って方面の会計隊本部まで行ったよなぁと、今から考えると背筋が凍る。

真夏の会計隊の事務所は、クーラーも無く大変暑かった。背の高い数台の扇風機が、上を向いて蒸し暑い空気をかき混ぜるだけだ。窓を外したジープで街中を颯爽と走ると、風通し良く気持よく感じる。

そして銀行へ行くと空調が効いていてなんと涼しいことか。「これがオフィスというものなのね」と、涼しい顔をして綺麗にお化粧した銀行員のお姉さん方が羨ましく、「ずっとここにいたい」と思った。

会計隊の事務所はオフィスといえなくもないが、飾り気の無い、むさ苦しい現場といった雰囲気であった。

この頃、「識別帽」と呼ばれる各部隊別の野球帽タイプの帽子を全自衛隊で作ることとなった。官給品ではなく、自費で購入する私物品である。

会計隊では、方面内で統一のデザインとなった。各会計隊にもデザイン募集のお知らせが来た。会計隊以外の各部隊も思い思いのこだわりの色やデザインを施した帽子を作った。色の規定があるのか無いのか分からないが、男性中心の自衛隊、作業等での汚れも考慮してか、色は紺や黒、深緑等のおとなしい物が多い。

派手なショッキングピンクやオレンジとか黄色の蛍光色、可愛いパステルカラーなどは私は見たことが無い。品位を保つ義務はあるが、華やかな色もあったらいいのになぁ。目立ったらいけないのだろうか？　平時に部隊を識別するだけだから、個性的に目立ってもいいんじゃないかしら？　と個人的には思う。

ほどなくして識別帽は普及した。今までＷＡＣは制服では「略帽」と呼ばれる米軍のような折り畳み式の帽子をかぶり、戦闘服の時は「作業帽」と呼ばれるＯＤ色の帽子をかぶっていたが、普段は制服でも戦闘服でもどちらも識別帽をかぶれることとなった。駐屯地朝礼など、部隊別に並ぶ時には、各部隊の帽子のカラフルな色別で、瞬時に部隊が識別できるようになった。

識別帽導入は、私物品であるため、管理も楽になり、部外者に与える印象も柔らかくなったような気もする。

また、自分の部隊への帰属意識というか部隊愛（？）も生まれ、お揃いの帽子を被ることで団結の強化にも繋がるのではないかと思った。現に、今までの歴代部隊の識別帽を大事にコレクションしている自衛官は多い。

私はというと、あまり帽子には執着が無く、大切な思い出は自分の心の中にと、あっさりと識別帽は捨ててしまうタイプであった。

納品書やら請求書やらの書類の山の中で、係長は耳に赤鉛筆をかけて仕事をしている。出来立ての識別帽を係長がかぶってみると、耳の鉛筆が目立ち、「競りのおじさんみたい」とみんなで盛り上がった。

会計隊では競りはしないが、「入札」があり、各業者さんが集まることがある。競りのような活気は無く、厳正な静けさであるが、「入札じゃなく競りにしようかな」と係長は冗談をいい、真新しい識別帽をかぶり嬉しそうであった。

官給品でないため、こだわりのある人は、帽子のツバを自己流に少し曲げたり、帽子の見えないところにデザイン性のある名前のサインを入れたり、小さなピンバッジを着ける等が流行った。私も事あるごとにピンバッジをいただき、何やら意味も無く着けていたことを思い出す。

レンジャー伝説

そんなある日、駐屯地のレンジャーが訓練の最終想定を終えて、訓練生が帰隊するとの放送が入った。「レンジャー」とは、陸上自衛隊で行なわれる特技（資格）の一種であり、サバイバル技術の習得、ロープを使った登降訓練、飲まず食わず寝ずの生存自活訓練など想像を絶する過酷な訓練を制した者だけに与えられる称号である。

主力部隊とは別行動し、少数で敵陣奥深くまで潜入し、偵察や重要施設の破壊等の遊撃活動を行なうことができる。強靭な体力・気力、そして判断能力等を兼ね備えた特別な要員の養成でありエリートの選抜とでもいうべきか。部隊においても一目置かれる存在である。もちろんレンジャーに女性隊員はいない。そのため女性自衛官からも憧れの的であった。

各駐屯地にはレンジャー伝説がいくつもあり、レンジャーは隊舎の二階くらいだと「レンジャー!!」といいながら窓から飛び降りて外出するとか、酔っ払って四階の窓から飛び降りても無事だったとか、核兵器が使われても「ゴキブリとねずみとレンジャーだけは生き残る」等、ほんとうかどうかは定かでないが様々な噂や逸話がささやかれていた。

特にレンジャーの教官や助教要員は、いつも髪の毛が短くキリリとしていて精悍であった。レンジャーがどんなものかハッキリとは分からなかったが、カッコイイという印象で私もレンジャーのお嫁さんになりたいと思ったものだ。

ある時、会計隊の契約班に、調達要求の品名が「ニワトリ」と書かれた書類が来た。最初は鶏肉と間違えたのかと思い、「ニワトリって何ですか?」と係長に聞いたことがある。「あぁ、それはニワトリで間違いないよ。レンジャーが食べるんだ」と係長は簡単にいった。「えっ? 食べる?」私はビックリした。ニワトリの絞め方や解体方法を覚えるのも訓練の一つであるという。ニワトリの他にヘビなども食べると教えられて、「レンジャーって何でも食べるんだ」と最初はほんとうに驚いた。

会計隊に来る転科組の中には、たまにレンジャー出身の者もいたが、元々の会計科職種の者が、レンジャー教育を受けることはまずない。昔々に会計科職種の幹部自衛官でレンジャー出身の方が一人おられたそうだが、それ以外は私は聞いたことがない。

レンジャーは半年待った方がいい!?

私が初めて出迎えたレンジャーは、部隊で行なわれた陸曹・陸士の集合訓練の帰隊であった。女性の方が良いだろうと、実施部隊がWACである私に花束を渡して欲しいと頼んできた。部隊長をはじめ、多くの隊員が営門で出迎える中、私は先頭で花束を持って到着を待った。

最終想定をクリアし、過酷で厳しい任務を完遂した隊員。背嚢を背負い、小銃をハイポート状態で保持した完全装備でゆっくりと歩いてくる。花束をプレゼントし、きっと感動の場面となるだろうと思っていた。

しかし、レンジャーの一行は極度に疲れ果てていた。花束を渡した方は、幽鬼のようなというか、多分、意識がもうろうとしていたのだろう、開いたままの口からヨダレを垂らし、目の焦点は合っていなかった。

花束は渡したというより、出された両腕に花束を乗せたといった表現が正解だ。こんな人間の様子を見たことがなかった私は、出迎え行事は無事に終わったものの、あまりのことに衝撃を受けてしまい、その後、夢に見てうなされた。

今から考えると、そうなるまで訓練を頑張られたのだなと思えるのだが。

部隊により出迎えには、家族や彼女が参加するところもある。そのような部隊では、家族等にあまりにも悲惨な隊員の姿を見せる訳にはいかないと、一度駐屯地に入って休憩をさせてからパレードさせているところが多いようだ。無理もないと思う。

訓練生は、この後にまだ帰還報告をし、レンジャー徽章の授与式が待っている。徽章は、「勝利」の象徴・月桂冠に囲まれた、任務を達成する「堅固な意思」の象徴・ダイヤモンドのデザインだ。レンジャー徽章を授与され、晴れて栄光のレンジャーとなる。感無量となり、男泣きする者も多いと聞く。

訓練が終わったレンジャーは、しばしの間、休暇をもらうらしい。レンジャーが終わったばかりの隊員は、輝いていて素敵だが、先輩の女性自衛官からは「レンジャーは半年待った方がいいよ」と教えられた。

なぜなら、終わってから体を壊す者や、食べる量だけ変わらず激太りする者が多いからである。さすが先輩！　それでもやはりレンジャー隊員は素晴らしいなと今でも思う☆

一泊二日のハワイ旅行？

毎年夏と冬に、会計隊では一泊二日の厚生旅行に出掛けた。毎月、旅行代金を積み立てて皆で行くのだ。「去年はハワイに行ったよ」と先輩から聞かされて「外国に行くんだ！」ととてもワクワクした。「今年はグアムかサイパンかなぁ♪」自衛隊のベッドは貴族風のベッドだと勝手に思い込み、入隊してショックを受けた私であったが、今度こそはと外国旅行に舞い上がった。まだ飛行機に乗ったことも外国旅行に行ったこともなかったからだ。

だが一泊二日でハワイに行ける訳もなく、ハワイは国内の羽合（はわい）温泉という場所だと知った時は落胆した。「も〜、羽合温泉ってどこ？」と笑うしかなかった（編集部注・鳥取県です）。

今年ももちろん外国ではなく、どこかの温泉のようであった。厚生旅行は、温泉だったり、海だったり、色々なところに海の幸や山の幸を求めて観光バスで行った。その中でも温泉が多かった印象。

ある温泉旅行で、大広間でお食事をしていると、突然、広間が暗くなり、ストリップショーが始まったのにはビックリした。まじめな隊員が、キレイなお姉さんの裸を目の前にして、赤くなったり青くなったりしているのを見ては皆で笑いあった。隊長達もニコニコしている。こんな世界もあるのかと社会勉強をした気分であった。

今の時代であればセクハラといわれること間違いなしだが、その頃は、そんなの日常茶飯事で、お姉さんが素直にキレイだと思った。

お食事の後は、男性陣はお姉様方と二次会へと外へくり出し、残されたWACはカラオケをしたり、お土産を買ったり、「お肌がツルツルになるね♪」と温泉を堪能したりした。ダイエットだとか、エステや美顔、いつの時代も女の子の関心事はそんなところだ。何度もお風呂に入り、お腹もいっぱいで、フカフカのお布団で眠りにつく。「やっぱ自衛隊のベッドとは違うよね」と先輩がいう。朝になると、浴衣ははだけ、帯一本になっている姿は皆一緒であった。

海水浴の時は、恥ずかしげもなく、同僚の前で水着で泳いでいたが、若かったから出来たことだと思う。

当時はハイレグとビキニが流行っていた。先輩方は素敵な水着姿を披露していたが、体型に自信の無い私は、いつまでも子供のようなフリフリのワンピーススタイルの水着だった。いつもの制服をカラフルな水着に変えて、波と戯れる姿は、どこにでもいる女の子で、皆、女性自衛官には見えなかったと思う。

大広間でのお食事はどこも一緒で、その後は、海水浴場近くのスナックに歌いに行くこと

ゆら〜〜
れんじゃー
れんじゃー
は〜〜

も多かった。歌が大好きな私は、先輩と競うようにアイドルの最新の曲を歌った。でも好まれたのは、おじ様達も知っている懐メロで、母世代の歌をたくさん歌わされた。

それでも十八番はキョンキョンの曲で、今でも当時の会計隊の集まりでは歌ってくれといわれる。「昔と変わっていない」とか「声だけは若いな」といわれる今日この頃。喜んで良いのか微妙なところです（笑）。

温泉地のお姉様のようなセクシーなショーは私には出来ないけど、いつの日か出し物をする側になれるように夢見たシロハト桜。座右の銘は初心と変わらず「歌って踊れる自衛官を目指す」。その誓いは揺るぎなく、徐々にその頭角を現わすようになっていく。目指していくところがズレているのには本人は気付いていない。そのバカっぷりが私らしいのかもしれない。

お留守番は、各部隊からの臨時勤務の計算担当にお願いして全員で出掛けるのが恒例だった。お留守番の人には、山ほどのお土産を買っていく。日頃の訓練を忘れ、舌鼓を打って、楽しい旅行と美味しい物に毎回大満足したのだった。

納涼祭は本気の夜店

夏の楽しみは駐屯地の納涼祭♪　駐屯地が一般開放される数少ない行事だ。

数日前から駐屯地のグラウンドには大きな櫓が組まれ、色とりどりの提灯がぶら下がる。

お祭りムード一色になる駐屯地。みんな盆踊り大会や夜店を楽しみにしているのだ。

納涼祭の夜店には、各部隊が工夫を凝らして奮闘する。何でも一生懸命な自衛隊。できるだけ安い価格で、お客様に喜んでいただけるお店を考える。ジュースやかき氷の定番から、焼きそば等の調理物、くじ引きや輪投げ等のゲーム等々。

部隊によっては代々受け継いだ本格的な夜店グッズを備えているところもあり、気合の入れようは半端なかった。

春の桜祭りには、掘りたての筍が並んでいたりしたが、納涼祭ではカブト虫やクワガタが並ぶこともあった。演習場には、嫌というほど虫がいる。演習に行ったついでに、休憩時間等を利用し、カブト虫を捕まえる。部隊長からの特務命令だ。帰りにはどっさりとカブト虫。納涼祭までの間は、カブト虫のお世話も仕事のうち（？）。

演習場から切り出したと思われる竹を利用しての流しそうめんが行なわれた年もあった。テストと称して、ＷＡＣだけ集められて、昼間のうちに流しそうめんを堪能した。先輩から順に上流から並ぶ。係の人が流しても流しても先輩が食べて、下っ端にはそうめんが流れて来ない。「先輩～、全部取らないで下さいよ～」とキャッキャッと大騒ぎ。色気よりも食い気が勝る年頃であった。

我ら会計隊はというと、毎年、フランクフルトのお店を出していた。

他の部隊にも同じくフランクフルトのお店があったが、会計隊のフランクフルトは安かった。仕入れ等の交渉ごとには、会計科職種の手腕を遺憾なく発揮した。そこは他職種には負けないプロ中のプロである。

なお、当時は、これらの夜店の売上金は、次回の夜店の資金として一部をキープした他、官費ではまかなえなかった各部隊の共用品や消耗品の調達、その他諸々の経費に充てられることが多かった。

例えば、演習用の野外ベッドや運搬食の保温用のコンテナ、野外炊事時に使う食器や使い捨ての容器、部隊の応援用の旗やのぼり等。

諸々の経費については、例えば慶弔費等があった。現在は、部隊の備品等も官費による整備が進み、これらの資金の管理に対する厳しい指導がされていることから、これらの出店の運営は、利益が出ないように行なわれている。

浴衣と水虫

夜店は男性陣にお任せして、開始前になるとＷＡＣは浴衣へと着替える。更衣室は、カラフルな浴衣でいっぱいとなった。共済組合の職員の方や保険屋さんのおば様方が着付けてくれた。女の子は浴衣を持って一列に並び、ベルトコンベアのような手際よい流れ作業で、おば様方はテキパキと着付けていく。

紐を忘れてしまった私には、「これで我慢しなさい」とビニール紐で応急処置をしてくれた。その素晴らしい技術に感動してしまった私。「いつもは普通のおばさんなのに、なんと

女性らしくて素敵なんだろう」「私もこんな風に着付けてあげられる大人の女性になりたい」。

私の中で芽生えた理想の大人の女性図。嫁入り修行には、華道、茶道、着付けが持てはやされた時代。華道はただいま修行中。茶道か着付けか迷っていたが、お茶を立てて飲むようなお家にはお嫁に行かないと思うので、着付けを習おうと決めた。いつかのための嫁入り修行。

あれよあれよという間に、おば様方の手によって浴衣姿の女の子が次々と仕上がった。ＷＡＣは艶やかな浴衣姿で接遇の勤務に付く。日頃は勇ましい戦闘服のＷＡＣも、浴衣に着替えれば可憐な乙女に大変身☆　履き慣れない下駄で、石段を降りたり、砂のグラウンドに苦戦する。

職業病ともいうべきか、女性でも〝水虫〟

の者はいる。特に野山での演習が多く、日常的に半長靴を履いている戦闘職種の者は、男女問わず水虫になる者が多い。洗うことをためらう革靴。中敷をこまめに洗っていてもかかる時はかかる。

集団で使うお風呂の足拭きマットが原因の一つとも考えられたため、WAC隊舎では、頻繁に足拭きマットの洗濯が行なわれ、予防していた。

今年が初めての納涼祭参加の後輩WACが、下駄から覗く素足が気になりモジモジとしていたので、「会場は暗くて見えないから大丈夫だよ」というと、安心したようであった。お年頃の女の子にとっては、水虫は大変恥ずかしい。医務室に行けなくて、悪化するケースも少なくなかった。

母が納涼祭に来た！

早速私達は、照れながらお祭り会場へと繰り出した。滅多にない駐屯地の一般開放に家族等や自衛隊ファン、近隣の方々が押し寄せ、お祭り会場は大賑わいであった。

各部隊の夜店では、呼び込み隊員が店の前で看板を掲げたり、コミカルにアピールしたりしている。自衛官の中にも、営業に向いている人はいるのだ。

いつの間に準備したのだろうと思うような仮装をしている者もいれば、黙々と鉄板で焼いている人もいる。お会計や袋詰めの係、列の整理や誘導等、お客様をもてなすために、全ての自衛官が奮闘する。

もちろん自衛官自身も一夜限りのお店屋さんを存分に楽しむのである。日頃の凛々しい自衛官とはまた違った一面を見る。

人気の食べ物系のお店は長蛇の列。各家庭からの要らない物を集めたバザーのお店もある。バザーのお店には、夕方の明るいうちに近所の奥様方が殺到し、早々と完売した。

戦闘部隊を中心とした盆踊りのコンテストもある。暑い最中、真剣に踊りの練習に取り組む部隊。これも部隊間の勝負の一つである。部隊の名誉をかけて今日こそ日頃の成果を発揮するのだ。

そして特に若い男性自衛官にとっては、またとない部外の女性と触れ合うチャンスである。夜店の呼び込みの声も高らかに大はしゃぎ。

若干名のWACや女性の職員を除くと、ほぼ男性社会である。女性に馴れていない男性も多く、街でナンパもなかなかできないシャイな人が多い印象である。彼女が来た独身自衛官は、部隊の皆にひやかされながらも、自慢気な表情。

家族を呼ぶパパ自衛官は、家族と一緒に過ごすことが優先されることが多い。日頃は訓練で家を空けがちな自衛官。家族サービスは家庭円満の秘訣。家庭が円満だと仕事もしっかりとできるのである。

OB席や家族席が設けられている部隊も多く、とてもアットホームな組織である。

私のところも母が来てくれた。意外にも、母は納涼祭が初めてだという。納涼祭というよりも、駐屯地に来るのが二回目だというから驚いた。

父が在任期間になぜ来なかったかと聞くと、新婚時代にお弁当を忘れた父に、駐屯地までお弁当を届けたことがあり、営門の警衛隊に預けて帰った母は、父に「恥ずかしいことをするな」と怒られたそうだ。

それからというもの、「絶対に自衛隊には行くもんか！」と三〇年余り前から一切自衛隊には行かなかったとのこと。母、恐るべしである。

父が定年退官を迎え、私だけとなった駐屯地に来た母。父とではなく近所のお友達と納涼祭を堪能して、遠巻きから声をかけてきて手を振ってくれたことを、昨日のことのように思い出す。

自衛隊の撤収はアッという間

私達は、夜店の盛り上がりと踊りの輪を横目に、招待客の席で接遇である。

別にお酌をする訳ではない。案内や、お盆を片手にビールやおつまみを運ぶ係である。WACは数少ない駐屯地の華として活用されるのであった。

WACの活用にも段階があり、接遇に駆り出されるのは若手である。もう少しお姉様な陸曹クラスになると、マイク放送や櫓の上や本部席での重要な係に就くのである。

接遇班は、お腹をすかしたWACが多かった。「お腹がすいたなぁ、フランクフルトいいなぁ」と思っていると、おいでおいでと接遇班の偉い方に裏へと呼ばれる。そこには、おつまみの残りや、各部隊からの差し入れがたくさん届いていた。

やっぱり、色気よりも食い気である。勤務で納涼祭を楽しめないＷＡＣにも必ずといっていいほどお心遣いがあったことに感謝している。皆、自分の娘のように大切にして下さった。楽しい時間はアッという間に過ぎ去る。お開きとなった納涼祭の会場に、お客様もダラダラと長居はしない。誘導に従って外の世界に帰って行く。

急速に静かになった会場には、まだ提灯の明かりだけがぼんやりと点っている。終了時間の少し前から、密かに撤収作業は始まっていた。片付けられるギリギリのところまで片付ける。

終わったと同時に勢いよく最後の仕上げだ。既に跡形も無く撤収してしまった部隊も多かった。自衛隊の撤収は、毎度驚くほど早い。これも日頃の訓練の賜物なのだろうか？

翌日には、普段通りの仕事が始まる。櫓だけがまだ残っているグラウンドを見ると、昨夜は納涼祭だったのだなと思う。フランクフルトの鉄板を洗って倉庫に片付ける。楽しい楽しい納涼祭はこうして幕を閉じたのだった。

二任期満了までにお嫁に行けるのか？

数日後、私は「あの感動を忘れないうちに」と通勤経路にあった着付け教室に見学に行ってみた。年配の先生がおられて中に通される。挨拶もそこそこに、突然、目の前でその先生が着物を脱がれてビックリ！

目のやり場に困ったのも束の間、脱いだ途端、素早くまた着物を着て「ほ〜ら、和服ってね、こんなに簡単に着られるのよ」と微笑まれた。唖然とするほどの早業であった。「着付けって面白いかも」と、私はすぐに教室に通うことを決めた。

これも嫁入り修行の一環。いつの日か、いつの日か、どこかの誰かのお嫁さんになれますように。ほんの少しの嫁入り修行のつもりが、結局、長続きして極めてしまった。母よりも年上で、現在は八〇歳を越える先生。今もお元気でお付き合いさせていただいており、下の名前で〇〇ちゃんと呼ぶ仲となっている。先生に着せてもらった時はとても楽で、先生より上手い人には未だに出合ったことが無い。一生物の師匠との出会いであった。

嫁入り修業はしていたものの、肝心の恋愛には全くご縁が無かったシロハト桜。チャンスは何度とあった。しかし、良い感じになってくると、突然に相手が消えていく……。

「親衛隊」と呼ばれた、お兄ちゃんこと、父の銃剣道の子分達が、自分達のお眼鏡に叶った者しか許さず、ことごとく私の相手を排除していたのを知るのはまだ数年先のことである。

駐屯地内で数少ないＷＡＣは、大概がすぐに彼氏ができる。そして、その大半が一任期もしくは二任期で寿退職していた時代。寿退職しない者は稀で、よほど優秀で陸曹を目指す者か、次の目標が決まっており自衛隊でステップアップに考えている者か、よほどの者しかいない。

もちろん私は、優秀でもなく、次の目標なんて全くなかった。ということは？　「よほど」……な人なのだろうと思っていた。

二任期満了まであと一年とちょっと。会計隊の同僚まで心配してくれた。「シロハトの彼氏になってくれる人は、右も左も分からない新隊員か、転属して来たばかりの人くらいしか無理だろう」といわれた。

会計隊には、「給与簿」という個人資料がある。残念ながら写真付きではないが、階級、氏名などの他に、月々何円貯金しているとか、扶養の内訳や家族欄で独身か既婚者か分かる。

まだ個人情報の管理がうるさくなかった時代であったため、「目星を付けたら共済組合に行って、借金が無いか調べてもらえ」と良さそうな人の給与簿を真剣にピックアップしてくれた。

それに留まらず、ついには上司まで「ドライバーでかっこいい人がいたら、その車に飛び込め。そして責任を取ってといえ」「よく見たらタイプでなかったとなったら、公務災害に認定してやるから安心しろ」とまでいわれることに。

はたしてシロハト桜は二任期満了までにお嫁に行けるのか？　カウントダウンは始まった。

単行本　平成三十年一月　潮書房光人新社刊『ＷＡＣの星２』改題

あとがき

「ＷＡＣの星」を書くことになったのは、別件で「丸」編集部にお世話になった際に「書いてみませんか?」と、お話をいただいたのが始まりでした。

自身が主人公の正に自叙伝……でも偉そうに語れる良い話なんてまるでありません。そして「丸」は軍事雑誌では老舗として知られています。大先生方が名前を連ね、専門的な硬い文章の中、異質の「ＷＡＣの星」は大丈夫?　読者様から怒られないかしら?　と当初はハラハラしていました。

しかし、皆様に支えられ連載は六年目に突入。まさかの文庫本第二巻の発刊を迎え大変嬉しく思っています。

平成後期に、「任期付自衛官」（育児休業取得者の代替要員として、元自衛官を期間限定で採用出来る制度）として、一年弱の間自衛官として復帰し、任期を終えました。久しぶりの自衛隊生活は浦島太郎状態で驚くことばかりでした!

自衛官であるという自覚、緊張感のある日常、目まぐるしい訓練、常に体力の維持向上に努めるなど、体力・気力ともに保持し、長年続けておられる現役自衛官を目の当たりにし、大変素晴らしいと感動しました。私はというと、体力はなくなり、へなちょこぶりは今も健在で……。

昔の自衛隊は、閉鎖的で何をやっても社会から軽視されていた分、自衛隊の中には団結力があり、大らかな面があったように感じます。現在の自衛隊は、社会から期待される分、求められることも多くなり、良いことか悪いことかは分かりませんが、細かいことまで何かにつけて杓子定規の窮屈で厳しい印象を受けました。

女性自衛官を取り巻く状況も「男女雇用機会均等法」から始まり、「育児・介護休業法」による育児休業や時短勤務等の拡大、緊急登庁支援として臨時託児所の開設等、様々な施策により勤務環境の充実が刻々と図られるようになりました。

それにより当然のことながら、男性自衛官との差別化がなくなり、今まで配属されることのなかった職種や職域にまで、女性自衛官が進出してきています。

陸上自衛隊には、一五個の職種があります。普通科、機甲科、特科（野戦）、特科（高射）、情報科、航空科、施設科、通信科、武器科、需品科、輸送科、化学科、警務科、会計科、衛生科、音楽科。隊員はいずれかの職種に属し、専門の教育を受けます。その内、現在は化学科職種のみが「母体保護」の観点から女性の配属が行なわれていません。ただし、幹部自衛官に限り、現場の指揮に立たせないという条件で配属がされています。

機甲科職種については、戦車の振動と騒音が母体に影響を及ぼすとして女性を配属していませんでしたが、現在、部内で色々と議論されているそうです。

現在の女性の新隊員の人気職種は、「需品科職種」と「衛生科職種」だそうです。私は自衛隊の花形である戦闘職種が人気があるだろうと思っていましたので意外でした。理由を聞くと「災害派遣で活躍出来るから」だそうです。

被災地からのニュースでは、温かいお風呂や食事の炊き出し風景や、医官が活躍されている映像が流れているのを皆さまもご覧になったことがあると思います。ここ最近の自衛隊の催事等でも、野外入浴セットの展示や、野外炊事の展示が頻繁に行なわれて人気があります。地方協力本部と呼ばれる自衛官募集の窓口の広報官は、災害派遣をアピールし、自衛隊に勧誘するのだそうです。志願しようと決意した時の思いを実現するために、需品科職種と衛生科職種に人気が集中するのです。

私が入隊した昭和の終わりごろには、普通科職種等の第一線部隊の職種はまだ女性には開放されていませんでした。

当時は、会計科や通信科、需品科、衛生科職種を主体に、女性隊員の受け入れをしていました。これは旧軍時代にも女性の軍属が混じって勤務をしていた職種（当時は「兵科」）で、軍属のタイピストや電話交換手、縫製の担当、看護婦さん等、男性よりも女性の方が適した分野がある職種です。そのため自衛隊においても、早期から女性に解放された職種であろうと思われます。

その後、バブル期には募集難となり、男性自衛官の不足を女性自衛官で補うために、職種を開放しなければならない時代を迎えます。

当初は戦闘職種への配属であっても、事務所勤務や後方勤務で「お飾り」の扱いが多く、男性自衛官に劣らず勤務したいと考える女性の多くが辞めて行きました。

平成中期になり、世論の波に押され、女性をさらに増やし、職種や職域を開放することが義務のようになり、現在は許容できる範囲で止むを得ず配置する形になっているような気がします。

個人的には、自衛隊全体として特に陸上自衛隊は、女性が必要とされる仕事に比べて、男性に適した・男性が必要とされる（女性には不向きな）仕事の方が圧倒的に多いと思います。男女雇用機会均等法を重んじて、男性と女性の比率が一：一になったとしたら、自衛隊は組織として成り立たず、非常に不効率なことになり、組織として弱体化してしまうのではないかと思います。その仕事の特性に合わせて無理のないように運用することが必要ではないでしょうか。

今年度からは再び募集難から女性自衛官の採用が倍増されたと聞きます。自衛隊はどこを目指しているのか、昭和の時代を知っている者としては少し複雑な思いです。

この文庫本第二巻も、のほほんとした昭和～平成初期のエピソードがもりだくさんです☆

どうぞお楽しみ下さい。

昔と今の自衛隊をどちらも経験した珍しい元女性自衛官の体験記ということで、お粗末なところはお許しいただければ幸いです。

文中の若き日のシロハト桜とともに、現在の私も成長させていただいていると感じる今日この頃。より一層皆様に愛される記事を書いていければと思います。今後ともどうぞ応援下さいませ。

文末ながら、潮書房光人新社及び「丸」編集部、Facebookのお友達並びに読者様、シロハト桜を育てて下さった自衛隊関係者の皆様方に心より感謝申し上げます。

二〇一九年（令和元年）五月

シロハト桜

NF文庫

陸自会計隊、本日も奮戦中！

二〇一九年六月二十一日　第一刷発行
著　者　シロハト桜
発行者　皆川豪志
発行所　株式会社　潮書房光人新社
〒100-8077　東京都千代田区大手町一-七-二
電話／〇三-六二八一-九八九一(代)
印刷・製本　凸版印刷株式会社
定価はカバーに表示してあります
乱丁・落丁のものはお取りかえ
致します。本文は中性紙を使用
ISBN978-4-7698-3122-8　C0195
http://www.kojinsha.co.jp

NF文庫

刊行のことば

第二次世界大戦の戦火が熄《や》んで五〇年——その間、小社は夥しい数の戦争の記録を渉猟し、発掘し、常に公正なる立場を貫いて書誌とし、大方の絶讃を博して今日に及ぶが、その源は、散華された世代への熱き思い入れであり、同時に、その記録を誌して平和の礎とし、後世に伝えんとするにある。

小社の出版物は、戦記、伝記、文学、エッセイ、写真集、その他、すでに一、〇〇〇点を越え、加えて戦後五〇年になんなんとするを契機として、「光人社NF（ノンフィクション）文庫」を創刊して、読者諸賢の熱烈要望におこたえする次第である。人生のバイブルとして、心弱きときの活性の糧《かて》として、散華の世代からの感動の肉声に、あなたもぜひ、耳を傾けて下さい。